The Misfit's Manifesto

不合群的勇气

[美] 莉迪娅·约克纳维奇 | 著
（Lidia Yuknavitch）

贾磊　徐瑞华 | 译

中信出版集团 | 北京

图书在版编目（CIP）数据

不合群的勇气 /（美）莉迪娅·约克纳维奇著；贾磊，徐瑞华译. -- 北京：中信出版社，2022.5
书名原文：The Misfit's Manifesto
ISBN 978-7-5217-3936-7

Ⅰ. ①不… Ⅱ. ①莉… ②贾… ③徐… Ⅲ. ①心理学－通俗读物 Ⅳ. ① B84-49

中国版本图书馆 CIP 数据核字（2022）第 023219 号

Chinese Simplified Translation
Copyright © 2022 by CITIC PRESS CORPORATION
The Misfit's Manifesto
Original English Language Edition Copyright © 2017 by Lidia Yuknavitch
All Rights Reserved.
Published by arrangement with the original publisher, Simon & Schuster, Inc.
本书仅限中国大陆地区发行销售

不合群的勇气

著者：　　[美]莉迪娅·约克纳维奇
译者：　　贾　磊　徐瑞华
出版发行：中信出版集团股份有限公司
　　　　　（北京市朝阳区惠新东街甲 4 号富盛大厦 2 座　邮编　100029）
承印者：　北京盛通印刷股份有限公司

开本：787mm×1092mm 1/32　　印张：6.25　字数：104 千字
版次：2022 年 5 月第 1 版　　　　印次：2022 年 5 月第 1 次印刷
京权图字：01-2019-6901　　　　　书号：ISBN 978-7-5217-3936-7
定价：49.00 元

版权所有·侵权必究
如有印刷、装订问题，本公司负责调换。
服务热线：400-600-8099
投稿邮箱：author@citicpub.com

如果有人让你觉得自己微不足道，
那么这本书就是为你而作。

目 录

序　言 / III

1　并非所有希望都源自仰望 / 1
2　创造你自己的故事 / 19
3　"苦难让你变得更强大"，只是荒诞之辞 / 45
　　4　你的故事值得被倾听 / 67
　　5　艺术将给你治愈的力量 / 83
　　6　放弃你所坚持的"正常" / 101
7　英雄之旅为何会带来痛苦 / 123
8　无法融入的身体 / 143
9　错误也是机会 / 163

后　记 / 185

序言

异类。

相信我，别小看这个词，它的意思真不少。

先让我来告诉你它不包括什么意思。我所谈论的不是我们所有人时而有的那种怪异感、孤独感、疲惫感、挫败感或是被排斥的感觉。这些感觉人人都有，人类向来如此。我所谈论的也不是那种格格不入或者尴尬的感觉，更不是对社会分工的不满，不是迷失方向，不是中年危机，尽管这些状态都很重要且值得重视。

"异类"一词可用很多方法来下定义。"现成"的大多数定义基本都包括了如下概念：一个与众不同的人，一个似乎对某个特定派别或境况没有归属感的人，或是与所处环境不匹配的某人或某物，或是对新形势、新环境严重不适应的人。

"异类"在"城市词典"[①]中的第一个定义是这样的:

本质上指某个个体。在当今学校的社会阶层中,异类难以恰当地融入任何一个圈子,就连受排挤的圈子也很难融入,但每个圈子的特征他们或许都有一点。真正的"异类"通常认为他们跟情绪型[②]或哥特型[③]这类圈子不搭调,他们往往性格内向。异类往往遵循自己的信仰,并时常因此被压制。异类往往无故被排挤,几乎没有好友,他们通常睿智而成熟,

---

① "城市词典"(Urban Dictionary)是一个解释英语俚语词汇的在线词典,该网站拥有几百万个词汇的定义,每天都在不断增加。这些词汇的定义在志愿者注册该网站后编辑提交,网站访问者可以对这些定义做出评定。——编者注

② 情绪型(Emo, emotional 的缩写)最初是从硬核朋克中派生出来的一种有着艺术家气派的音乐,后泛指一种亚文化,处于其中的人对这个世界很失望、绝望,但同时开始过分地关注自己,只想过着属于他们自己的自由自在的生活。——编者注

③ 哥特型(Goth)最初是同 Emo 一样从朋克/后朋克衍生出来的一种音乐形式,之后演变成一种亚文化。处于其中的人对这个世界充满绝望与惧怕,与这个世界格格不入,总是在残忍地对待自己,总是想着哪一天能完全融入哥特人所向往的黑暗、冰冷的世界当中。死亡是哥特人逃避这个世界的最终结局。——编者注

有时有些癫狂和沮丧,却总是充满无与伦比的创造性。异类往往不关心他们糟糕的社交生活,但有些人比较在乎。

那边那个安安静静、郁郁寡欢的女孩是个异类。[①]

有人或许会说,角落里那个蓝头发的艺术家是个异类。

那个在地下室里埋头制作自己的时间机器的计算机怪才是个异类。

那个身穿带有无政府主义标志夹克的家伙,他弹着吉他,谁都不理。他是个异类。

#异类 #受排挤者 #社会阶层 #学校 #个体

当谈到异类的时候,我指的是这样一个事实:我们中的一些人压根儿就没找到过融入的办法,从一开始就是这样,一直贯穿我们不断演变的生命始终,包括此时此刻。我想谈论一下,我们中的一些人是如何错失各种融入良机,最终导致心态变化,严重到自己在生活中再也无法融入。我们不断碰壁,我们会在自己的无能或错误中难以自拔,甚至更糟。人到了一定年纪就会明白,有时一些人就是无法有所成

---

① 参见 www.urbandictionary.com。

就——我们会彻底放弃。那些过早离我们而去的异类幻化而成的星际尘埃啊，一路走好。

然而在此我不是为了博取同情。

在我看来，异类就是一切。世界需要我们。

这就是为什么我要在此谈论异类。

▽ ▼ ▽

我觉得自己是个异类，部分原因是发生在我身上的事情，还有部分原因源自我的内心深处。与生俱来，可以这么说吧。

我们中的一些人过着怪异或错误的生活，或者在生活中做着怪异或错误的事情。我们中的一些人或因挂科而退学，或因犯罪而入狱，或因吸毒、酗酒而被送到康复中心，或者失去丈夫、妻子、孩子、房产甚至所有钱财。然而，我们并不都会因此缴械投降或就此消失，尽管有些人会这样。我们这些迷途的凡间天使啊。我们中的一些人设法重塑躯体，再次发出自己的声音，让自己的生命值得活下去，哪怕与所谓的社会规范格格不入。

在当下，随着年龄的增长，我越发觉得我们从小到大所

序言

接受的那些告诉我们要成为什么样的人、要如何融入的社会教条是一派胡言。我们顶多也就是左耳朵进右耳朵出,应付一下,如同乌合之众反向划桨一样。

实际上只要一说到"异类",我经常听到的就是"哦,每个人都是异类啊"。我也确实明白人们说这话的意思。在某种程度上我们都想把自己"归为"异类中的一员,因为说实在的,生活实在艰辛、怪诞、有失公平,每个人都会时不时放纵一下,无一例外,但我也认为有些重要的东西只有我们中的一部分人经历过,我们的故事如能广为人知,就可能会帮助他人渡过难关。

我也明白那些反对贴标签的人的思维,但我想在此谈谈我的一些做法,这些做法让我走入自己的异类世界,在这个世界站起身来,并将其当作自己在这个世界上的存在方式和观察方式来理解,正是这些做法拯救了我。

我们有些人的观点既源于自己的经历,也来自总是无法融入的那种无力感,我们进入不了主流文化,无法获得爱情,缺乏共同语言,难以加入社会组织,也就是说我们无法像其他人一样在爱情、家庭和社会中找到归属感。我们这部分人不在少数,甚至声势浩大。这一次,我想从我们的观点出发来讲故事，而不是规规矩矩地听任社会对我们妄加揣测、分门别类，以及与事实不符的各种歪曲杜撰，DSM①甚至对我们进行了诊断分类。失足堕落的、感情破裂的、遭受虐待的、正在戒毒的、有犯罪前科的、上过战场的、挺过不幸的、性格内向的、亦正亦邪的……我们不是你的敌人，我们不是令人难堪的存在，我们并非低人一等，也非失败者。

如果你是异类，我希望你能在这些文字中看到自己，在我的故事和其他异类伙伴的故事中看到自己的影子。我和一些人交谈过，他们已经想明白如何在主流文化的边缘站稳脚跟，用他们离经叛道的方式行事。我想提醒你的是，主流文化的边缘正是全新美好意义产生的地方，边缘才能让中心稳固，边缘就是新拓的边疆。本书也讲述了其他异类的故事，他们和我的故事一同提醒所有人，我们并不孤单。我们总是你中有我，我中有你，恰似一块砾岩，其中的泥土沉积来自世界各个角落。

如果你自认为不是异类，那么我希望向你阐明异类能够

---

① DSM 是 Diagnostic and Statistical Manual of Mental Disorders 的缩写，精神疾病诊断与统计手册。——译者注

序　言

与你共享的重要经验教训。我们就生活在你的周围，在你生命中的每一天与你相邻共生。我们既有想法，又有创新，还能向你敞开心扉，但你需要学会按我们的标准看待我们，这样我们就可以问自己一个相同的问题："我们的故事如何能够汇聚成有用的支流，最终汇入人类共同体的大海？"

下面列出了我们至少可以开始意识到的事情。异类知道从不同视角看待错误和怪异，我们看到的东西与众不同。别人看到的是路障，我们看到的却是入口。

异类尤其擅长创造和再创造。

别人眼中的失败在异类看来却是创新的机会。我们坚忍不拔，不只想着存活，还会创造条件茁壮成长。异类知道如何帮助他人，驱使我们这样做的动力并不是美国人的卓越精神之类的无稽之谈，这种卓越精神号称是建立在自我和竞争基础之上的。我们的自我价值早已一地鸡毛，这让我们认识到我们需要伸出一双援手，而非展示自我。我们不会对与众不同之处恐惧。异类能够把恐惧、愤怒和悲痛转换成表达而非毁灭。我们非但不会深陷在自己的痛苦中无法自拔，反倒还能给其他文化提供有价值的东西，如果周围的人能够认可我们的价值会激励我们做得更好。因为生活在边缘，异类知道如何抵制对文化越来越趋同的论调，我们会帮助文化找到新形式。我们从边缘处守护中心的稳固，也捍卫边缘不被蚕食。

没有任何问题，我们就是其余的你们。除了对文化有用，其他方面我们也大有作为。不屈不挠、重塑自我和坚忍不拔锻造了我们的独特技能，而这些对人类生存至关重要。换种说法，如果所有人都能学着像异类一样看问题，也就是说，将所谓的错误、失败、古怪和脆弱视作实现创造力、融入社会组织的美丽新途径，我们或许就能够重新定义自己的身份，重新定义对待彼此的方式，以免将一些人捧成名人而让另一些人销声匿迹。

我们有自己的声音。

我们有自己的躯体。

我们有自己的故事。

1
▼
▽

并非所有希望都源自仰望

对某些人来说，满腔抱负会在心里卡壳。当你只知道屏住呼吸等待恐怖过去时，你很难去想"乐观"或者"向上"的事情。

希望和异类之间确实存在一种关系，但这种关系不会源于仰望、奋起或登攀。有些异类之所以会主动与世隔绝，是因为他们只有在感觉不同的时候才会感觉最好。但是还有些异类出身卑微、命运多舛，饱受创伤和暴力之苦，为了拥有希望，他们必须从零开始创造希望。

并非所有异类都生于暴力、长于暴力，但我们大多确实如此。

不过在谈论创伤之前，我想花一点时间承认一个事实，那就是有些异类来自幸福的家庭、充满支持的环境，或者至少从外界看来是来自相对稳定的生活和世界。有个女孩用刀划胳膊，划得不浅不深，浅到不会有人看出来，深到让她疼得掉眼泪，但只有独处时她才会流泪。她胳膊上的一道道伤痕让人看起来就像一条条不好看的手链。有个男孩喜欢用手镯打扮自己的手腕，手镯越戴越多，多到在胳膊上叮当作响，他之所以这么做只是因为喜欢当他举起手来转动寄存柜密码锁时手镯发出的叮当声。《早餐俱乐部》[①]里的艾丽·西蒂，骄傲地把头皮屑当作雪花来装饰她的画作，这简直是完美。那些孩童和青少年不愿随大溜走上所谓正道，那些美丽的生灵转而铺就了通往未卜命运的怪异小道。他们提醒我们美妙不总来自人云亦云、亦趋亦步，也可以来自标新立异，从怪异慢慢变得具有独创性和变革性。

即便如此，我也从异类伙伴讲的故事中注意到，许多异类的人生道路起点坎坷。有人说创伤就是我们生活中的重要部分，因为正是它瓦解了我们对这个世界和他人的理解。这样的说法或许是正确的，至少是有道理的。这些年来我在其他学科领域，比如心理学、社会学、人类学的同行给我讲了

[①] 拍摄于 20 世纪 80 年代的一部美国青春影片。——译者注

不少足以证明这一观点的故事。随后，年纪越大，我越情不自禁地觉得创伤最终会触碰每一个人，无一幸免。

▽ ▼ ▽

这些是我在大部分成年生活中一遍遍描写的场景。这些场景在我的经历中至关重要，就好像要是我能真正彻底地搞清楚其中一个场景的由来，我就能知道生活的真谛和生活之道似的。这些场景的背景是 20 世纪 70 年代的一个普通厨房，呈现的是我父母之间一次再普通不过的吵架。他们总是吵架，所以每次吵架都如家常便饭般寻常，虽然我每次都害怕得要命。我只是学着默默忍受，这让我成年后在面对男人发怒的时候会有类似创伤后应激障碍（PTSD）的症状。我姐姐采取的是事不关己策略，跟你说，她在这方面可是高手，而我却成了被动接受的高手。这一点有人是能理解的。

我 8 岁，坐在餐桌旁。我姐姐 16 岁，她在洗盘子。我母亲和我一起坐在餐桌旁。父亲在厨房和客厅之间的走廊。父亲和母亲都在一边抽烟一边喝咖啡。房间里弥漫着尼古丁、咖啡因的味道，充满了大人愤怒、孩子恐惧的气氛。我能看见姐姐的后背，她的前臂在每个盘子上打圈儿并涂上洗涤剂，然后把盘子一次一个地、超级缓慢地放进洗碗机。吵到最凶时，两个人都大喊大叫起来，父亲发出愤怒狂般的男中音，母亲则操着拖长腔的南方口音，尖声刺耳。母亲起身把她的咖啡杯摔到桌子上，就是那种大个儿的加厚米色陶瓷咖啡杯，咖啡洒得到处都是，有些溅到我的手上，咖啡很烫，但我不敢吱声。大家都穿着浴袍。母亲从我姐姐身边走过，朝厨房的另一头走去，在她要穿过另一个门离开厨房时，父亲把他的杯子朝墙扔去，差一厘米就砸到母亲头上。要知道父亲曾去克利夫兰印第安人队[①]参加过选拔赛。这种加厚米色陶瓷咖啡杯的底部是深色的。

屋内一片死静。

我们处在飓风的风眼，只是这飓风并不是每个飓风季来一次，而是每隔一天就来一次，残酷无情。

一旦我把这个场景写下来，解读方法就会有很多。

首先，姐姐当时在想什么？

母亲在想什么？

---

① 美国一支职业棒球队。——译者注

父亲在用他那只强壮的胳膊，那只差点就成为运动员胳膊的胳膊，扔出杯子，差一点儿就砸到母亲头上的时候，他又在想什么？

在那一瞬间，或者其他无休止的瞬间，他们还爱自己的孩子吗？难道爱与此事毫无关系吗？

墙上的那个洞在那里留了很久。

那个瞬间是我记忆中一系列典型场景之一。我们这些异类的记忆中都有这样的场景。它完全算不上在那座房子里发生在我身上，或姐姐身上，或母亲和父亲之间最糟糕的事情，但是它已在我内心定格，如影随形，挥之不去。有时候我觉得"我们曾经是谁、我们又变成了谁"这个问题的一切根源都在于那样的瞬间。

我希望和那个场景毫无关系。

贯穿我整个童年时期的都是恐惧。恐惧之下并不是希望，而是别的东西。这种东西是一种忍耐的能力，是像一只小动物静静地趴到地面上那样保持安静的能力，或许还有更重要的东西，也就是等待合适时机采取行动的艺术。当时我在不知不觉中构建着一种行动手段。我现在知道了，当时的我正在飓风风眼中学习行动的艺术，这种艺术是一种理解不同能量的艺术，一种了解生命中的一切——不仅是暴力，还有其他一切——皆是能量的艺术。

在我家里，父亲的愤怒囚禁了母亲、姐姐和我。他的虐待贯穿我们的身体、我们的语言，以及我们能想象到的一切经历，那种虐待似乎成了我们日常生活的一部分。我们要考虑一个重要观点：饱受虐待、创伤或贫穷之苦的人在他们成年并离家之后对于应该如何看待外面世界中的痛苦并不能真正明了，当然前提是他们能够顺利长大离家。你想知道原因吗？原因就是熟视无睹。这个回答太过熟悉以至让人意识不到。我举个例子，你刚逃离一个充满虐待的家庭，马上就会陷入外面世界种种不同的虐待环境，因为那些环境看起来和感觉起来像是我们熟悉的某样东西。我们马上就知道应当怎么办。我们被各种熟视无睹的事物吸引，再加上媒体的表现形式和所反映的现实都充斥着过多的暴力、创伤和社会经济层面的挣扎，而且还把这些东西都娱乐化了，那么这也就见怪不怪了，对吧？所以我们都变成了擅长忍耐的高手，可以这么说，我们逆来顺受。我们就像是在战场上拼杀过的荣获"紫心勋章"的老兵，无论在家里还是在社会上，都是一个独特的群体。但是称呼我们为"幽灵人"可能更准确一些，

1 并非所有希望都源自仰望

因为我们的内心总有些挥之不去的阴影,随时都有被绝望、恐惧、失败或与现实的格格不入拖入深渊的危险。

我能想象到我的微观故事的宏观版本有多可怕。想想那些因我们在世界上发动的战争而逃亡的大批难民吧:他们如何既能融入新国家,又能听得懂我们讲给自己听的那些有关认同和团结的故事呢?我既担心那些难民,也担心社会中那些逃离暴力的个体。实际上,鉴于当前政府毫无掩饰的带有种族歧视、同性恋恐惧、性别歧视、仇外情绪的言辞和政策,有个危机迫在眉睫:在美国,我们该如何讲述自己的故事才不会直接伤害到我们中那些最脆弱的人?我们想要成为什么样的人呢?

我可以肯定,通过阅读这本书,你可以看到我讲的异类故事的另一面,即因暴力、战争、虐待、创伤或贫穷而支离破碎的一面。作为异类的我们还要时刻做好准备,面对拳打脚踢、不轨行为、背信弃义、炸弹袭击,或是那一百种更不起眼的暴力形式的任何一种。即使没有这些我们也要时刻提防。我们神情紧张,目光警觉,随时准备着要么与死神搏斗,要么任死神摆布——同一场游戏的两个方面,这让我们在某些情况下似乎突然就变得疑心重重、暴躁古怪,难以共事或共处。我们经常让人觉得难以相处,不论是在学校、单位,还是与人交往的过程中。

然而,如果在这种情况下还有一些有价值的东西呢?

我经历的几件事情使我彻底不再相信传统意义上的希望。我并不以此为荣,但情况确实如此。对我来说,在创伤、绝望或恐惧来临的时刻真正重要的是学会换一种方式呼吸。"抱负"(aspiration)这个词在英语中有一种助人呼吸的意思。我渐渐明白,我们必须保持呼吸,按照自己的意愿找到活下去的理由。

▽ ▼ ▽

还有另外两个世界拯救了我的生命。

游泳和艺术。

为什么泳池是我在世间的救赎之地不难理解。除了周日,我每天有4~6个小时可以离开地狱般的家,和其他人一起泡在水里。我在这里可以找到一种大于本我的归属感,还不涉及父亲或者神灵这样的角色。在水中我能放飞思绪。从我6岁起一直到离家上大学的那一天,只有在美国各地充满漂白剂味道的泳池里我才能感受到身体和生命是属于自己的。

另一个我可以遁入的是艺术的世界。我信仰艺术,就像别人信仰上帝一样。我不想夸大其词,只想实话实说。与选择自我表达而非自我毁灭的这些人生活在同一社群,我又找到了可以自由呼吸的理由。这是重塑希望的另一种方式,不管你仰望的是父亲、神灵,还是比你更聪明、更有名或更英勇的人,你都不用进行优劣等级排序。当然,这确实是寻得抱负的一种办法,但不一定适用于我们所有人。我们的希望萌生于普通人创造的种种做事方法。这是从侧面给希望下的定义,希望从事物边缘处浮现,你只需要在边缘处找到彼此,勇敢站起来并相互扶持。

我在图书、电影、画作和音乐中都能找到自己的故事。当然我也找到了与我同病相怜的受害者、怪胎、受排挤者和异类,但我找到的还有关于生存和美丽的故事。

▽ ▼ ▽

我第一次见到肖恩·戴维斯时,我俩在俄勒冈州的特劳特代尔一起喝啤酒。那地方离我们上班的社区大学不远。我们认为社区大学就像美国的培养皿。每个教室里都坐满了形形色色的人,若不是每个人都需要学习阅读、写作和批判性思维,他们可能不会相邻而坐成为同学。我读过肖恩的大作《蜡弹战争》,所以我早就知道"2001年9月12日,服完兵役一年半后,肖恩·戴维斯溜达进俄勒冈州国民警卫队的征兵办公室,重新入伍"[①],我也早知道他当年在服完兵役回家时除了得到"紫心勋章",还患上了创伤后应激障碍。和他坐在一起喝啤酒,我了解到肖恩是一位父亲、一名教师,还是一位艺术家,而且他致力于帮助他人,这可是个宏大的抱负。这是他给我讲的故事:

很早的时候我就感觉自己被边缘化,因为父母有我的时候太年轻(16岁和18岁)。我来自一个支离破碎的家庭,是家里那个可怜的小子,最后自然而然地成了个怪胎。做一个异类刚开始时对我来说很难。还是孩子的时候,我因为自己是个异类而感到难过,但在长大成人后我意识到成长为异类对我的生活起到了积极作用。它让我感到自由。别人会用

---

① 参见 www.goodreads.com。

一种怪异的方式暗地里尽情偷窥我。我开始意识到人们试图融入社会有多难，总是戴着面具生活有多不容易，而我不用这么做是何其幸运。最难的是找到自己的立足之处。自信对异类而言不是一件容易的事情，但一旦找到了自信，你就能化异类为力量。现在我坚定不移地认为历史是由异类创造的。

从我记事起，我就开始对别人负责了。我第一个弟弟在我2岁时出生，第二个弟弟在我4岁时出生。我保护他们不受父母虐待，不受贫穷所累。在亲戚家里，在学校里，在拖车房停车场里，无论在哪儿我都照顾他们，直到他们长大。我还没长大就有了自己的孩子，我养育着他们。之后我在军队里当上了领导。对我来说，责任永远都有，没有其他选择。之所以这么说是因为，我认为作为一个异类，不管我们怎么使用这个术语，内心都要有坚定的东西才能一路向前。我本可以轻易地吸毒、犯罪或者做一份毫无前途的工作，不管心里埋藏着多么深的绝望。所以，小时候的我并没有主动选择与众不同。随着年龄越来越大，成为异类可能就更像一种主动选择了，但我觉得它其实是根深蒂固的，是在人生经历中养成的一种行为，它由更深层次的东西驱使，永远成为我的一部分。我想正确的选择是为自己的本色感到骄傲，而不是因为自己与众不同而感到羞耻。

小时候，我非常努力地试图融入，努力了很长时间。我还记得我在房间里熟读从图书馆借来的关于汽车的图书。我其实对汽车并不感兴趣，只是学校里其他男孩都感兴趣，所以我也尽力让自己对汽车感兴趣。我试着把汽车的品牌、制造年份、车型和发动机情况统统记熟。就这样我背了好几天。最后，上学路上，我充满信心地加入男孩们的对话中。当时一辆旧卡车超过了校车，我就一口气背出了百科全书里关于福特猎鹰（Ford Falcon）、普利茅斯勇士（Plymouth Valiant）和雪佛兰新星（Chevy Nova）的全部参数。结果，我试图融入的那群孩子反而觉得我更奇葩了。我想那是所有异类所处困境的一个缩影。

父亲喝醉酒就很爱打人骂人。清醒的时候，只要不工作他总是书不离手。清醒的父亲和喝醉的父亲简直判若两人。他会把我的牙打掉或者把我的鼻子打出血（这两件事他在我8岁前都做过），第二天早上又会为前一天变身海德先生[①]而

[①] 海德先生是苏格兰作家罗伯特·路易斯·斯蒂文森所著小说《化身博士》中人物的名字。小说讲述了体面绅士杰基尔博士喝了自己配制的药剂变身邪恶的海德先生的故事。——译者注

道歉。父亲就是那种人，我说的是非常真诚的道歉，声泪俱下的那种。父亲喝醉的时候可不只是打人，他曾把我和弟弟留在车里，自己去抢了人家酒行，还填过空头支票，偷过别人的房租钱，经常打架，做过各种各样的糟心事。他还去过十多次戒毒所。我这么说是因为我的两个弟弟都和我说过，我们绝不会沾一滴酒或吸一口毒，因为我们亲眼见过它们对父亲的影响。我们坚信哪怕是一口酒或者一剂毒品都能把一个正常人变成胡言乱语的疯子。时至今日，我最小的弟弟还是滴酒不沾，他甚至都不让牙医给他开止疼药。他决不服用任何可能改变他意识的东西。

我是到了 21 岁才在部队开始抽烟喝酒的。我在 20 世纪 90 年代初加入步兵营，那是黑人穷小子、墨西哥穷人和贫穷的白人扎堆的地方。当兵很苦，我们就尽情放纵。正规陆军步兵队伍里没有一个不喝酒的，不吸烟的人也是少之又少。

当然，我没有吸毒。我们每一到三个月就会接受尿检，尿检不会事先告知，不过我确实有两三次喝酒喝断了片儿。那是检验男子汉气概的一种方式。确实很愚蠢，但我们都那样做了。我们还去找女人发泄，那也是一种恶行。

作为一个从小被揍的孩子，我在参军前从没有自信过，但在部队里却产生了一种奇怪的自信。这种自信的根源在于完全不在乎自己是死是活。我相信你明白我说的是什么意思。试想一下，一个风华正茂的年轻人，训练的内容是如何杀人和爆破，还有为了证明自己是不怕死的男子汉，一喝酒就往死里喝的放纵。

然后我又经历了离婚、海地革命、伊拉克战争、卡特里娜飓风、父亲去世、患上创伤后应激障碍……

2005年我制订的新年计划是要么一整年都烂醉如泥，要么就把自己喝死。就这样我撑到了复活节。每天，如果天黑之前我还没有把自己喝倒，我就去贝尔蒙特酒馆，在后面随便找人打上几架，就像当兵训练时喝醉酒的样子。我还去找女人发泄。十恶不赦。

不得不说，就在那个复活节我幡然醒悟了。我醒来时发现身边躺着个不认识的女人，她身上有难看的文身。我当时就想，我和父亲是多么相似啊。也就是从那时起我重新开始画画和写作了。我觉得那是身份的问题，我再也不需要当军人、当那个被打的小孩，也不再当自暴自弃的浑蛋了。

我真的觉得那一刻才是我人生的开始。在那之前，我的人生由别人主宰，由那些我几乎不认识也不想记住的人主宰。

1　并非所有希望都源自仰望

当我第一次读库尔特·冯内古特的作品时，我感觉我的面前打开了一扇门，一扇很大的门，一扇通往美好人生的大门，这种美好是我从未想过的。第一次写故事的时候，我感到心脏未曾有过的悸动；第一次画画的时候，我才明白我要比父亲强得多，因为我可以感觉到在我周围有各种表达自己的可能。现在我教别人写作就是希望他们也能够找到表达自己的方式。

我朋友肖恩·戴维斯现在怎么样了？他最后在波特兰艾伯塔街管理着美国退伍军人协会与海外作战退伍军人第134分支。在那里，除了管理台球设施，他还负责组织各种各样的文学阅读会、特殊性取向群体（LGBTQ）宾果之夜和每周一次的退伍军人讨论。他也指导几名退伍军人进行艺术实践，除了撰写自己的故事和诗歌，他还协助监制演出原创戏剧和话剧。他获得了创意写作领域的艺术硕士学位，还在多家社区大学讲授英语写作和文学课程。夏天他就去当消防员。他还竞选过市长，表现不仅超出意料，还改变了整个选举过程的主旨和论调。

肖恩·戴维斯赢得了一枚"紫心勋章"。

那是至高无上的荣誉，或许是最高荣誉，一个真正英雄的成就。但我认为更重要的是他那颗全心全意帮助他人的心，无论身在何处，无论做着什么，他都是一个光荣的异类，无须因身为异类而向人致歉。他之所以优秀，部分原因正是他未能融入主流。他知道如何帮助别人生存并且找到主流文化找不到的自尊与价值，即便他的过去或者他所在的主流文化把他说得一无是处。

那么我们的人生故事呢？这些故事是我们自己编写的，从无到有。

所以，有一种异类是成长过程中经历了各种暴力的孩子，我们能够给予的建议是：我们可以忍耐。我们知道如何在危机中换种方式呼吸，保持镇定和风度。即使我们感觉不到镇定和风度，或者它们被剥夺，也知道如何照亮实现自我价值的道路，这基于帮助他人，基于意识到除了周围的暴力，我们还能找到某种归属。

2
创造你自己的故事

我也不是完全拒绝所有规则或者不愿当个好公民，我只是在边缘处更能发现自我价值。这个边缘处就是在所谓亡命徒和煽动者的缝隙处，是那些无法融入主流的异类打破规则或者发出声音的地方。

大多数异类都在努力抗争，不愿意按照世俗期待的方式生活。你知道，要想成为一个好公民需要在生活中按照设计好的剧本来演出：怎样做女人，怎样做男人，怎样获得工作、爱情、生活的成功，怎样才能幸福，怎样去爱、去结婚，怎样融入社会。异类对摆在面前或者让他们努力去实现的故事嗤之以鼻，甚至会感到恼火，因为我们的人生经历和传统或者主流的故事情节并无任何交集。我们迎面痛击那些讲述身份特征和社会组织的故事情节，随之而来的伤痛要么毁掉我们，要么激励我们另辟蹊径。

举例来说，虽然我在很短一段时间里被当作天主教徒抚养，但这并没有说服我去教堂做礼拜和祈祷，也没让我信了上帝，因为上帝竟允许神父对孩童动手动脚。这没让我乖乖地把我的父亲当作一家之主不敢违逆，因为他正是我们遭受暴力虐待的罪魁祸首。这没能说服我去上学和努力学习，因为做天主教徒对我在家中的生活没有任何影响。这件事既没有让我遭受惩罚，也没有让我获得赞扬，因为在我家惩罚和表扬不分彼此，是一回事，这是不是十分荒唐？我爱我的母亲也于事无补，因为母亲尽管爱我们，但她也开始喝酒，自此沉醉其中。我没有想象有一个英雄来救我，没有人会来救我。我们中的有些人得想明白怎样才能过下去，要么干脆就不过了，这是一个事实。异类就是如此。我们既无法变成本应该成为的样子，也无法按照社会给我们设计的样子在世间立足，所以我们只能创造自己的故事或者干脆死心。即使说我们创造了一整套另类信仰体系也无妨。

如果我要在前额上文一句话，那就是：**我不是你创造出来的故事。**我越能说服更多人坚持这种信仰，我在生活中就越觉得自己有用。我们不需要接受我们继承的故事和那些教我们应该怎样做人的故事。我们任何时候都可以站起来说"不",哪怕我们一辈子一直都在说"是"。亡羊补牢,未为迟也。我们总是可以拒绝强加给我们的故事,也总能修改和毁掉一个故事,然后修复另一个故事。这是一种永无终结的可能。

在某些方面,我自己的故事,或者我们负重前行经历的故事,都可以被解读为一种反抗版叙事。我第一天去位于华盛顿州的那所幼儿园的情景历历在目。母亲开车送我去学校,陪我走进教室,然后就走了,剩我一个人在衣帽架边啜泣。老师几乎是把我拽到一桌子陌生人旁边,又使劲儿摁我坐下的。我开始号啕大哭。老师提高了音量,把她的手啪的一声拍在我面前的桌子上。那时我哭得太凶都开始打嗝了,所以她就把我赶回衣帽架那儿让我罚站,整个过程其他孩子都盯着我,就像我是个外星人一样,他们都乖乖地不作声。

我还记得衣帽架上那些外套的味道,闻着就像是在室外一样;我记得那些外套的颜色和质地,真实得就像发生在昨天一样——灯芯绒和海军蓝的羊毛大衣,红色滑雪外套和白色雨衣。那些外套让我安静了下来。那个时候的我还写不出这样的句子,但我在心里已经感受到了。和坐在桌子边的那些"生物"相比,我和这些外套更有相似之处。

我这个内向得要命的人猝不及防地被迫经历了第一次社交。谁知道呢,用现在的话说,说不定那时候我有自闭倾向。有时我在想,我是不是算巧妙地度过了那些年。

当泣不成声的我停止哭泣,呼吸也趋于正常的时候,老师又把我撵回桌前,五六个孩子在那里坐着安静地画树。老师在我面前放了一张纸,让我画一棵树。当她回到办公桌前时,我镇定地选了一支特大号紫色蜡笔,用尽全力在整张桌子上画了一道超长的紫色线条。

或许我当时是想离开那个教室,或许那个时候"学校"和我家外的几乎所有东西一样,让我惊恐无比。

或许我画的那道紫色线条是在大声求援,就像在说:"我的家不安全,我的生活让我恐惧,有人听得到吗,我在拼命地大声呼喊呢。"

有时候孩子在你教他们遣词造句之前就已经创造了自己的语言。

我第一次清醒地意识到我融入不了周围的生活是在一所小学的操场上。我尝试描写那个场景有百次之多,但每次写出来的都有点不太对劲。你马上就能明白为什么。那个故事不太符合我们的认知。我们四个女孩在玩四方块游戏，我是唯一一个穿着牛仔裤和带摁扣儿的方格牛仔衬衫的女孩。我的头发和眉毛白得像白化病人。一个又瘦又高的男孩从过去常被称为学校特殊教育区域的地方走过来。这个特殊区域和我们待的地方不同，至少我们是这么被告知的。他跨过隔离区域直奔过来——两个操场虽然挨着，但是相互分隔开来。刚开始我没有看到他，但是其他三个女孩看到了，尖叫着跑开了，我还没明白是怎么回事，他就抓住我，给我来了个好莱坞式的后仰，然后在我嘴唇上使劲儿印了个令人作呕的湿吻，然后大摇大摆地走开了。

在这个残酷的世界，再加上那些爱聊八卦的操场女孩，我们两个人瞬间变成了带有记号的攻击目标。我成了那个头发太白、被特殊教育男孩袭击了的女孩，尽管我当时只是一个人站在那里。我的脸火辣辣的，心里像有一堆撞球撞来撞去，尽管他只是那个跨过操场后很快就离开了的男孩。我看着他转身离开，越走越远，我的下巴上还有一点他的口水，我还试图伸长舌头去够了够。即使那时年纪尚小，我也知道这个好莱坞式后仰动作超级完美。

当时我并没有想"我是个异类"，也没把亲吻我的男孩当成异类，但我确实感觉到周围的空气变成了一个真空地带，而且我有一种奇怪的冲动想跟着他走。我想跟着他离开那些永远不会接纳我的女孩，尽管我一直在努力地模仿她们。我想跟着他到他的世界里，不管那个世界是什么样子。那样不但能够让我远离那些尖叫的女孩，或许还能摆脱我在家里饱受虐待的厄运，那是我如影随形不为人知的秘密。难道这件事没有让我变得与众不同吗？如果我当时跟他走了，最终会有人注意到吗？

但我当时并没有跟他走。我就孤零零地一个人傻站在那儿，不知所措。那一年，那几个和我一起玩四方块游戏的女孩再也没和我一起玩过。我彻底不再去操场玩了。

我和学校里的唯一一个黑人小孩一起学单簧管，下课休息时我们就待在室内练习。

所以，没错。

我就是那个躲球游戏中被球砸到脸上的小孩。

我就是那个六年级还尿裤子的小孩。

我就是那个整个初中生涯都穿连体裤和匡威高帮运动鞋的少女，那个在储物柜走廊上和唯一的朋友一起坐在地上吃午餐的少女。

2 创造你自己的故事

我就是那个随便跟人上床的年轻女人,用毒品、酒精和性作为逃离现实的出口。我就是那个曾被抓到戒毒所和监狱的人。所有那些经历都好过和父亲在家里生活。

那个男孩呢?那个在所谓特殊教育区域的男孩呢?他成了西雅图的一名职业钢琴演奏家。

我不知道那些玩四方块游戏的女孩现在在做什么。

作为成年人,我第一次承认自己永远都不可能顺利融入周围的人群是在我女儿去世的时候。有些女人好像最终能从黑暗的水下世界浮上来,我和她们不一样,我就沉浸在那里不愿离开。我不但多年沉浸在自己的悲痛和消沉中,还在早些时候做了一件外界视作疯狂的事情。我不再上班,不再去大学上课,我开始不在屋里睡觉,而是跑到立交桥下面去睡觉。对我来说,无家可归的幽灵世界比那个所谓能够完全适应的人类世界更有意义。或许我是在寻找什么东西,寻找除了女儿之外我失去的东西。我的意思是我的所作所为是有逻辑的,尽管那种逻辑并不容易让人搞清楚。

我在立交桥下遇到的是曾经的医生和律师,还有曾经的全优生。他们有的人生出现重大转折,有的猝然堕落,有的是曾经的奥运选手、教师和银行家。对了,还有一名首席执行官，他的妻子在一次由两个醉酒司机造成的事故中丧生——他正是凶手之一。没错，我还遇到了酒鬼、瘾君子、有犯罪前科的人，但他们也是上过战场的退伍军人、单身母亲、工程师、飞行员和技艺超群的音乐家。

换句话说，我在立交桥下遇到的正是我们自己。

无家可归的人是地球上最有英雄气概的一个异类群体，因为他们的出发点和我们一样，他们踏上征途，一路走到存在和生存最黑暗的边缘。如果我们能够学会理解并乐于接受他们为我们费尽心力四处收集的知识和经验该多好。如果我们学会倾听无家可归人群的声音，尊重他们的经验，在我们的文化中为他们留有一席之地，如果我们能够承认他们其实就是我们每一个人的另一面，我们需要他们和他们的知识才不会迷失人性的真正意义，那岂不是很了不起？

我从那段极具教育意义的时期中学到的一件事是，有些经历过虐待或创伤的人，他们没有按照社会希望的方式走出苦痛，于是就成了异类。我们转错一个弯或变得更加沉沦，就被视为一种失败，但有时我会想，正是因为转错一个弯或变得更加沉沦我们才学到了一些东西，不这样做的话我是无论如何都学不到的。我学到的另一件事是，异类行为部分是由外部环境造成的，部分是由一个人内心世界发生的变化造成的，就像我曾经想从一种现实中走出，继而走入另一种现实那样。这种事情已经在我人生中发生过好几次了。异类很清楚如何在迈出一种现实之后迈入另一种现实，有时候这种变化就能拯救你的人生。

▽ ▼ ▽

在我工作的俄勒冈州的一个社区大学，我的学生主要是单身妈妈、有犯罪前科的人，或者刚从戒毒所出来的人、毒瘾复发的人、无家可归住自己车里的人、为了养活孩子打几份工还没有发疯的人、患有精神疾病需要服药的人、几乎不会说英语的人以及那些敢于追求自我梦想的原住民，他们梦想的精神世界或许没有听上去那么疯狂。那里还有流动工人和加油站工作人员，有失业了不得不重塑自我的中年人，有曾经的性工作者、辍学者和一事无成者，当然还有曾经或者现在仍然无家可归的人。

直言不讳的共和党人和义正词严的环保狂相邻而坐，商业人士和瘾君子相邻而坐，同性恋和橄榄球队员相邻而坐，同性恋橄榄球队员和祖父是三K党的男孩们相邻而坐，孕妇和前黑帮分子相邻而坐，全优生和从未通过一门考试的差等生相邻而坐，变性人和极端保守的基督教徒相邻而坐，失去双腿的退伍军人和上周因为心理问题入院治疗的女精神病人相邻而坐。

毕竟是在俄勒冈州，那里大部分学生还是白种人，但是也有非洲裔美国人、亚洲裔美国人、拉丁美洲裔美国人和来自中美洲和南美洲的人，有乌克兰人、菲律宾人和索马里人，有越南人、韩国人和美国印第安人，等等。

从某种程度上讲，我在教室里教的是破碎的美国梦。然而也正是在这样的教室里，美国又在现实中重生了。在这个教室里，你无法选择挨着谁坐，没办法把自己和别人隔离开来，除非你同意在下课前共处一段时间，否则谁都不能离开教室。在社区大学里，教书和学习就像一个培养皿，让我们知道我们是谁，我们在哪里。

2016年，我参加了一个法律听证会，目的是决定我班上的一个学生是应该回到监狱还是把他安排在一个特殊项目里，以便他能够在业余时间继续上课。他再次被捕的时候我把他保释出来了，不管这么做对不对。我已经代表他给地区

2 创造你自己的故事

法官写了信,我也提供了有关他的心智和才能的证据。

在班上,这名学生写的作文主题是摆脱墨西哥的黑帮生活,在俄勒冈州重新开始正常生活有多难。他的作文以一个梦为中心,他梦想为黑帮里的年轻人开设一个项目。这个项目就像一个休闲娱乐中心,可以上课,嘉宾会有艺术家、作家和商业领袖。他说拉丁裔人来到美国,帮派生活就会随之而来,并以微观形式呈现出来,他想用余生来努力中断这种规律。他写的作文富有激情,达到了发表水准。

我和他"共事"两年,我的意思是他当了两年我的学生。我看着他激励别人,这一点就连他自己都没有意识到,他只是在实话实说。两年来他做得最努力的事情就是安放他的愤怒,而且我说服他将愤怒都落在笔头上,写满文字的纸承受得住一切。

他的表达越来越清晰。

他的口才越来越好。

后来他成了一个真正能给别人带来改变的人,他妙笔生花,洋洋洒洒的文字行云流水。

所以当他请我在听证会上代表他发言,并且给地区法官写信的时候,我照做了。我满腔热情,一遍又一遍地重复着他的改变，但是人们总是会提起他劣迹斑斑的过去。问题越来越严重，解释起来也越来越难，我的所说所做似乎都没什么用。我的博士学位，我 28 年的教学经验，我感情澎湃，我用他优秀的文笔和雄辩的口才为他辩护，这一切都无济于事。最后我们仍是犯过法、被捕过、坐过牢的两个人。

我也有不堪回首的过去。

我获得了第二次机会。

但他不得不回去，回到以前那个地方。

至于他为什么必须回去真是愚蠢到令人失去理智，尽管我们管它叫"法律"。现在他在监狱里写作。我不知道他是否已心灰意冷，但是如果他真的灰心了我也能理解。

另一个与我"共事"的学生近来都住在她的车里。她曾两次赴中东服役，在回家和女儿团聚时，右手和半边脸都残疾了。她居住的单人间公寓涨了房租，本来每月 400 美元的租金已经让她这个患有创伤后应激障碍的残疾单身妈妈捉襟见肘了，现在房租飙升到了每月 950 美元。房东提前 60 天通知她让她走人，这在俄勒冈州是合法的。

轰隆一声，就像有个炸弹当头炸响，她成了无家可归的人。

去社会服务中心申请帮助的等待期是 90 天。去女子庇护所的等待期是28天，但是她不可能像那些遭到殴打、时刻处于危险中的女人那样快速获得帮助。今天她还在上我的美国文学课，希望日后成为一名教师，明天她就得住在车里了。她每天都得把女儿托付给不同的朋友，但这样做也只是有时候行得通。我知道情况后于心不忍，就给她提供了一些帮助，至少可解燃眉之急。但事实上，我知道我帮不了他们所有人，我们的国家正在不断减少一些项目的资金，而这些项目可能帮助到被剥夺权利人群的日常生活。这种选择只会意味着越来越多的人，比如从战场退役的轻伤员，难以维持正常生活。

给那些努力承受的男人、女人和孩子的"紫心勋章"又在哪里呢？

我告诉你们这些并不是为了显摆我做的努力有多伟大，而是强调我们所有人其实是多么相似。

我就像他们一样。

我的一些生活经历在你们看来是未来一系列麻烦的前兆。

4~10岁之间，我吃的是不含任何营养的东西——泥土、纸片、小石头和硬币，医学术语称之为异食癖。

从孩童起，我的生长发育阶段就不完整，因为我在很长一段时间里都不会大声说话，比儿童心理学家和医生建议的时间要晚很久。我到六年级时还尿裤子，到25岁才会骑自行车。

我是一个被父亲家暴的女孩，我险些丧命才从家里逃了出来。

我有两次糟糕透顶的失败婚姻。

我因成绩不佳被大学除名，而且不止一次，是两次，甚至可能还会有第三次。

我去过一次戒毒所，还被短暂监禁过两次。我也曾无家可归。

我不是一个离经叛道的人，不是失败者，也不是罪犯。

我只是一个"错过机会"融入社会的人。

或许这一长串清单绘制的是一个生命的断层线，但是难道我们就不能承认这个星球上每个人的一生都有断层线，难道就没有一种方式能够从我们的人生故事中反映出所有的脆弱吗？恰恰是我们的脆弱才让我们最有人情味、最美丽、最像彼此。

让我的人生迅速跌入谷底的主要原因是女儿在出生那天夭折了。这个打击再加上我以前生活的各种不幸（被虐待、染上毒瘾），我真不知道该如何生活下去。

但是如同许多其他人的生活一样，我的生活除了各种差错还有各种有意思的积极转变。我获得了一个博士学位，我是终身教授，我出版过7本书，我的作品获得过种种负有盛名的奖项，我在各式各样的神奇舞台上发过言。

你想知道是什么使我和我所讲的那些人不一样吗？没有什么，我们没有任何不同。

也就是说，我一直就和那些人一样，你们中的有些人也和他们一样。我们比邻而居，彼此之间能交流的共通点就是富有同理心，当然前提是我们还记得要这样做。我们要彼此同情，毕竟人无完人，所有人在前进路上都会偶尔崩溃。也许我们是时候该承认一点了，那就是我们中的每一个人获得成功都需要我们所有人共同努力。

或许我们是异类，但那只是你从错误角度审视我们。只要掉转哪怕一点点角度，我们就能像万花筒一样绚丽多彩、辉煌闪耀。

现在最重要的是我们必须摒弃传统观念，即认为商业、工业、教育、政府、执法、医药、技术和艺术等各行各业之间是相互分离、自成一体的。比以往任何时候都重要的是，现在我们要想出办法将不同的语言汇聚到一起，免得错失良机。

当然，我知道这些都是悲伤的故事。所以就让我来给你讲一个人的故事，她的故事开始时是悲惨的，最终却一鸣惊人。这位女性小时候辗转于不同的寄养家庭，她的经历非常凄惨，惨得我不忍在此一讲。你已经知道会有多惨了。即使我们不愿直视那种凄惨，也知道那是什么样子。从一个家庭过继到另一个家庭，境况一个比一个糟糕，她伤痕累累的身体就是明证。这种惨境贯穿了她的整个童年。不怕告诉你，她还能活着来上我的课，这让我很惊讶。

事情是这个样子的。她出现在我的课堂，她的内心充满了对三样东西的渴望：数学、科学和诗歌。她就像一个新物种。她从社区大学毕业时获得了转学学位，在此我给不知道的人解释一下，转学学位就像一张车票，一种可以开启新生活的实实在在的东西。对一个异类来说，那简直就是一张黄金车票。她继续在波特兰州立大学攻读学位，从那里她去了麻省理工学院，又从麻省理工学院去耶鲁大学做了博士后，现在她任职于欧洲核子研究组织（CERN）。我听说她的第一本诗集即将出版。

于她，事事不顺；可她，勇往直前。并非所有努力过的人都会这样。

我在沮丧时有时会想起她。我仰望夜空中的繁星，想起她写的那些诗，我想知道她现在是否在创造新的宇宙论，重新讲述整个世界的故事。

我衷心希望我的那位拉丁裔朋友在监狱里笔耕不辍。之所以称他为朋友是因为我们不再是师生关系，他已经成为我的一部分。我全身心地祈祷他不要心灰意冷，我对他有信心。

我希望我那位单身母亲朋友会得到帮助，我希望她不要放弃学习和在另一个国家讲授世界文学的梦想。我希望我们的国家不让她失望。

我最希望的是我们所有人都开始认识到面对现在的文化我们需要做出巨大的改变。我希望我们都能学着承认我们身上有着彼此的印记，我们的语言需要让彼此听懂，即使是在彼此的差异中也能交流。

▽ ▼ ▽

我第一次遇到玛丽·J.汤普森是在她来胡德山社区大学我开设的女性研究课上。我一眼就看出她与众不同，但是在读她的作文之前我并不知道她为何与众不同。读了有关她的故事，了解了她的现状，我记住一件事情：永远不要放弃任何人，永远。因为如果不这么做，我们怎能知道，站在我们旁边的那个人只是分享了他的故事就可能会拯救一条生命。

对我来说，异类从某种程度上说在成长过程中没有任何安全保障，所以我们不得不自己建立起对世界和对自我人格的看法。或是因为家庭环境出了问题，或是因为行为在哪个方面有些怪异，社会准则要么不适合我们，要么认为我们毫无价值。也可能是因为我们的感觉发生了变异，所以我们无法按照社会常规生活。所有这些都导致我们与常人不同，只能自己铺就人生之路。对我来说，这些路有时候是死胡同，有时候很坎坷，但它们终归是我自己选择的路。

我的异类故事始于1956年。就在我们家不想要也不需要更多孩子的时候，我出生了，是家里的第十个孩子。我的父母都患有精神疾病，无法像正常人那样爱孩子。我是不同种族的混血儿，这在20世纪50年代可是不得了的事情，老师和社工都对我区别对待。我的家庭不像一个普通家庭，更像是小说《蝇王》里的情节。我的成长过程不但与社会环境

2 创造你自己的故事

隔离,在家庭内部我也是被孤立的,我一直孤孤单单,只能跟动物、幻想和书本交流。我唯一与人的肉体亲密接触的时候就是性虐待。每天轮番经历的就是精神虐待、身体虐待和性虐待,侥幸逃过一次还要坚强起来准备应对下一轮。

对付这些事情的技能让我熬过了好多年,但后果就是无论身在何处我都无法有意义地融入其中。我的家庭成员相互之间没有感情。13岁离家的时候我不但没有想念他们,而且他们在我的意识中已完全消失,直到再次见到他们。这种现象的专业术语叫作"依恋障碍"。它的意思是我与周围的人无法建立起任何感情,甚至有时我也会有自己都不能理解的需求。我的自我意识在孩童时期就分裂成不同的性格碎片以应对所受的虐待。这种现象的专业术语叫作"分离性身份障碍"。它的作用似乎持续了很长一段时间,后来停止了。我的身体和大脑是分离的,以至它无法传达痛苦、性感觉和一个完整的自我。性虐待导致我滥交,但是与身体分离的大脑使我不可能感觉到那些性行为有任何积极因素。人生的各种线索都被我错过。我无法解读危险或者爱意,因此我经常觉得自己处于危险境地,无从分辨何时别人是真正关心我。

有一些东西帮我度过了那段难熬的时期,后来又给了我痊愈的能力。比如，即使在家人看不到我的时候我也能看到他们，这可能是我与生俱来的一种能力。即使在他们伤害我的时候，我也能看清他们的脸庞和身上的人性。再比如，我读了很多书，这让我明白受苦的小孩不止我一个。书籍给了我诠释周围世界的新方式，让我更富有同情心。家里发生的故事和书籍给了我力量。在那个充满暴力的家里我学会了如何在绝望中去抗争。站起身来反击的那些时刻让我知道我有能力去改变。我为生存而战。这种抗争使我发生了变化而且赋予了我力量，让我没有自暴自弃。为别人而战总是可以的，但是没有一个清晰的自我意识和自我价值感让我束手无策，往往让我无法为自己挺身而出。

寄养导致我的自我疏离感更加严重，因为寄养体制本身也是有缺陷的，寄养在白人家庭里的我感觉自己彻头彻尾地不知所措。我有能力毫无计划地一走了之，也相信会有好事情发生，这种能力在我摆脱那些寄养家庭时发挥了很大作用。在我人生中还有几个无家可归的时期，那时我就靠智慧生活着。那种生活方式教会我如何顺势而为，勇往直前。要在无家可归的状态下活下来，每天都要有一点创造力，保证自身安全和填饱肚子需要克服重重障碍。我与很多人维持短暂的

2 创造你自己的故事

关系,因为与朋友之间保持较长时间的关系通常都会招来麻烦。我大学辍学了三四次。精神和身体上的缺陷让我无法自由。因为我不知道如何与可靠的人相处,所以我选择和不在乎我的人在一起,但是我还保留着随时抽身离开的能力。有些事情的发生,比如被家庭成员再次冒犯,让我连续数年处于一种糟糕的精神状态,这时我就会伤害自己,因为我觉得那一定是我罪有应得。

我偶尔会通过心理咨询寻求帮助,但大多数情况下都于事无补。有个咨询师还不错,我断断续续地找他咨询了几年。但是别的咨询师都让我感觉自己是个受害者,那是永远不会起作用的。我会生气,转身离开,当时专业人士都不知道该拿我怎么办。一直以来我都得到了一些人的帮助,这些人大多接受了我本来的样子。让我能愈合伤痛的前提是,我得先保证自己的安全和满足一些基本需求。等我的年纪大一些,基本需求得到满足之后,我的伤痛就会开始慢慢愈合。有趣的是,这种情况当时并没有发生。可能只有和别人聊天才有些作用,但当人们试图让我有"正常"人那样的感觉时,我却感到更加伤痕累累。

当我真正开始帮助他人的时候,愈合就开始发生了。我并没有主动那样做，只是它就这么摆在我面前了。与此同时，我再次与自己的本土文化联系起来，这让我感觉自己神智健全。我和将死之人坐在一起，从中学到了很多人生的道理。

我帮助人们摆脱悲惨困境，只是想尝试做点儿好事罢了，因为我没有计划，也不知道该如何生活。当我决定先解决摆在面前的事情时，我并没有意识到这是一个如此重大的决定，但是我坚持了下来。我的孩子教会我如何真正去爱，和其他人在一起也教会了我同样的东西。

治愈对我来说是突如其来的，当作为大龄学生重回学校并为成为一名作家而努力时，我又踏上了治愈的快车道。我一直能看到别人，但是在写作过程中我开始看到自己。我开始原谅自己。从一个观察者的角度写自己的故事让我有了新视野，它让我对曾经的我和我犯过的错误产生了同理心。写作让我看到了力量，那种力量其实一直都在，只是我不相信而已。我所经历的一切都变成了优势和经验，我可以利用这些继续成长为一个更好的人。

我犯错误伤害了别人，比别人伤害我更让我焦虑不安。但是这些错误造就了现在的我，因为我并没有拒绝面对那些错误，我敢于直视那些错误。起初我觉得这样做让我变

2 创造你自己的故事

成了一个可憎之人。和成功相比,这些错误如影随形,但实际上错误有助于自己给自己下个定义。我可以知道自己不想成为什么样子,但我没有榜样,不知道自己想成为谁。错误之所以促进我的人生发生变化,只是因为我勇于承认自己的错误,主动承担责任以期改变自己的行为。起初,那意味着停止自我毁灭的行为,但我还是会伤害自己,因为我觉得自己是一无是处的废物。后来我意识到我其实不需要伤害自己,因为我也是正常人,不能只用那些犯过的错误来定义自己。自省的人生来自自我评估,从这个角度看,人们每天都在变得更好。

写作帮助我意识到尽管我过去一直都很害怕,但我依然继续前进,迎难而上。即使家人威胁我、贬低我,我也依然尝试和他们进行艰难的对话。我走的每一步都是为了找回命中注定的那个自己。当我被吓得蜷成一团一心求死的时候,我没有这样死去。有时候我觉得对许多我们这样的异类而言,这就像一次掰开一个手指,才能避免我们想把自己蜷缩成一个球。

同情对任何人都没有帮助,只会让人感觉更糟糕。在如今的生活中,当我遇到像我一样的异类时,最好的事情就是帮助他们摆脱危险获得安全,给他们食物,给他们空间,让他们成为他们需要成为的人。我喜欢看到人们重新找回他们的声音和力量。我帮助过他人，让他们不再流浪街头，让他们逃离虐待，让他们不再身处险境。人们需要安全的环境，有安全感，不饿肚子。与其说我们做了什么，不如说我们如何支持他人变成他们希望成为的人。我们唯一真正需要给予的就是爱和接纳，这是最重要的，但是身体的安全和物质需求永远是第一位的。所以在今天我会出现在监狱、汗蒸屋或其他地方，我会尽全力支持别人寻找他们的人生之旅，这些我已经做到了。

小时候的我想和其他人一样，而如今的我只想成为并享受作为异类的我——努力成为我能做到的最好的人。我将永远不会和其他人一样。我处理事情的方式不同，我的生活方式不同。法律依然不会让我惊慌失措，我能够看到法律和公正之间的不同。我不为名，不逐利。公正和同情心，以及试图在这个世界上做出某种积极改变的努力，才是真正重要的。我不知道我是否会像其他人那样最终真正感受到浪漫或者爱情，但我真切地知道这些情感关系给我带来了深思和感受。考虑到我的经历和出身，我敢说那肯定是有价值的。

3
▼
▽

『苦难让你变得更强大』,只是荒诞之辞

简直是一派胡言。

在美国,其他地方也类似,都有一个现成的关于苦难的故事,其根源来自耶稣受难的故事。在这个故事里,苦难在一定程度上被披上了神话的外衣(也可能是影片制作效果,观点因人而异)。按理说我们应该从故事中学到两点:没有人比基督受的苦难更深重,所以忍耐一下吧,毕竟基督是为你而死的;经历苦难才能获得恩典,只有受苦受难时你才能离上帝更近。

这种想法也是大多数美国主流小说、电影和电视剧的核心思想。

有一次,我一个女性朋友在欧洲旅行时染上重病,她的男性伴侣和我说:"她非常痛苦。我从未见过这样的恩典。"

是的,我明白他的意思,我明白他既害怕又痛苦的感受,他爱的女人病入膏肓,他已几近发狂,但事实上我真想立刻一拳把他的头揍烂。她的苦难,无论如何都只是她在承受,他讲的话可把我气坏了。她被诊断出得了狼疮,在异国他乡卧床不起很长时间。狼疮是终身疾病,也会影响寿命。

我们不该把获得恩典这种事情当真。

我想说的是,苦难造就人生的这种神话可能会激励一些人,却会让其他人觉得他们受错了苦难。

▽ ▼ ▽

我真的憎恨"苦难让你变得更强大"这种说辞,因为真相是,受苦受难很遭罪,甚至会让你想自杀,没有任何美妙可言。苦难不是一种恩典。受苦受难的模范特蕾莎修女所说的并没有让我感动:"痛苦和苦难走入你的生活,但是请记住痛苦、悲伤和苦难只是耶稣之吻,证明你已经离他足够近了,近得可以亲吻到你。"

依我看,受苦受难事关真实的身体,而你面对的是人生的另一面。你对那个故事作何理解可能会决定你如何度过后

3 "苦难让你变得更强大"，只是荒诞之辞

半生。我和那些苦难朋友惺惺相惜，不是因为他们在受苦受难，也不是因为某种荒唐的受害情结衍生出的患难情谊，更不是因为受苦受难的人们正在"享受"恩典，而是因为他们在坚持，他们在忍耐，还因为有时候他们会重塑自我——这种重塑能力是异类再擅长不过的了。异类不仅非常了解各式各样不同的苦难呈现形式，而且还很擅长将苦难进行转化，变苦难为力量。

我和那些失去很多的人有着强烈的认同感，他们不得不真的再造双脚才能继续向前。我的母亲天生残疾，一条腿比另一条腿短6英寸（约15厘米）。她一直穿特制的内增高鞋，这样她的跛行就不会那么明显，疼痛也会减轻一些。那是我第一次理解什么是有所不同，什么是不能融入，第一次看到别人看她的异样目光，对她区别对待。她的鞋让孩童时期的我着迷，我还想拿起她的拐杖，偶尔抡过头顶用它揍几个人。我的母亲每天都在痛苦中煎熬，但她在痛苦中也重塑了自我。她不仅获得了房地产界的很多奖项，还因年复一年地挨家挨户为美国出生缺陷基金会募集资金而获奖。尽管如此，她的苦难并没有任何美妙可言，它只是锻造了她想象力的火焰。我从来都不想把苦难的故事浪漫化，因为那样会把它编造成

一个皆大欢喜的故事或者有卖点的故事,服务于一种试图把你的苦难娱乐化的文化。

让它滚蛋吧!

所以让我来给你讲一个不同的苦难故事。这个故事不会受某种文化的摆布,这种文化要求你在由高效人群打造的总是不断折腾的经济体中以一个好公民的标准来对待你的苦难。这种文化中已经萌生出心理、医疗、制药和自助行业,把你捆绑在无休无止的需求循环里。

我已经讲过,我女儿在出生那天就夭折了,我并非唯一一个因痛失至亲而蒙受苦难的人,但我是一个愿意站起来,大声讲述那个故事,并且勇于承认这种痛失至亲、这种生死剧变带来的苦痛在这30多年来如影随形无法摆脱的人。下面是我最想大声说出来的:我没有实现任何超越,没有得到上帝的任何启示,也没有将苦难升华为某种神奇智慧;我没能"放下苦难继续生活",至少没能继续没有她的生活——我说的是我的女儿;我的苦难也不是一种恩典,它只是我的一部分,就像我的心脏一样。

女儿夭折之后,我就变成了这样——我失去了理智。

我没有立刻发疯。在医院里,我能感觉到身体内的分

3 "苦难让你变得更强大",只是荒诞之辞

子细胞在一个个地分解,但我什么都没说。孩子出生后我坐在医院的淋浴间里,我能听到姐姐充满爱意、同情有加的说话声,虽然这个声音就在我的耳边,但我听起来就像流水一样。我能看到我第一任丈夫的身体和脸庞,他瘫坐在椅子上,不知道该做什么。他的手是他的一切。他是一名卓越的画家,也是吉他演奏的高手,他的手指无比修长好看。我觉得因为我这么多天一直目不转睛地盯着他的手指,他都变成了他的双手。这我倒也能接受。我喝他的手递过来的水,但是我没有吃他递过来的食物。我抱了几次裹在襁褓中已无气息的女儿,我亲吻她,轻轻地抱着她,为她唱歌。第二天晚上,我请护士在床上给我做了个热毛巾"浴",那段经历是我最难忘的五大生理体验之一。我以为自己可能已经死了,但是那加热的湿毛巾提醒我的肌肤我还活着,即便我已心如死灰。我明白自己当时恰好处于生与死的临界点。一直到他们让我出院,送我回家,我都没和任何人说过一句话。我也不让任何人碰我。我感觉自己就像某种哺乳动物,有了动物纯粹的本能,小心提防周围的一切。我腿上和胳膊上的汗毛就像动物的白色皮毛一样长得很长,人停止进食后这种现象有时候会发生。

在家里，我时不时地号啕大哭。

我的第一任丈夫那时已经和我分居，他晚上会带我去附近的墓地散步，那是我最喜欢的一个地方。我们席地而坐，陪着那里逝去的人们。他会往天上扔一美元硬币，然后看着蝙蝠朝它飞扑过去。

我的情绪淹没了身体，于是我就走神了，思绪摇摆不定。我仿佛到了一个地方，那时候看起来就像是进入了一个黑暗的房间，房间里全是夜晚冰冷的水。按照我现在的理解，当时的我应该相当于精神错乱。

是姐姐把我从死亡边缘慢慢地拉回来的。她先是给了我一点苏打饼干让我恢复意识，然后一天一个鸡蛋，最后一天一杯奶昔。奶昔让我微笑。

是姐姐不脱衣服就进来陪我一起淋浴，因为她听到了我在啜泣……或者说是发出了动物的哀号。我不知道那是什么声音，只知道她像一位母亲一样紧紧地抱着我，我开始感觉到碰到我皮肤的她的衣服的材质。

就这样过了将近一年。

在第一年过了一半时，我做了一件不道德的事情。

我撒了谎，难以想象的弥天大谎。我又回去上大学，然后在日托中心找了个兼职工作,现在回想起来那可能是个悲剧性的决定。只要有人询问我女儿的情况我就撒谎。我在工作单位撒谎,在学校撒谎,在杂货店和公交车站撒谎。我告诉每一个人她还活着,她很美,睫毛很长。我们住的地方是我编造的;学校的课程是我编造的,因为我几乎不去上课;宝宝洗礼派对是我编造的,其实根本没有人为我举办;母乳喂养是我编造的,我还说乳头很疼,身上全是奶味和尿味。我会把头往后一仰大笑着说:"当妈不容易啊!"我想说的是,当人们问我一些平常人会问的有关怀孕生子的常见问题时,我就只能胡编乱造,因为我没有办法说出发生在我身上的悲剧。我的故事和其他妈妈的故事不相符,纯属异类。

谎言是从我告诉别人我现在住在朋友家开始的,这个故事情节还是挺蒙人的。但我根本没有和朋友住在一起。在我脑海和内心编织的谎言里,一种新型编织方式有了某种"意义",至少我感觉是这样的。这种感觉是,我是行尸走肉中的一员,住在深不见光的海底;我是一个住在海底沉船中的幽灵,而且还会被其他幽灵吸引。晚上我开始在城市边缘的一个立交桥下睡觉,那附近有个公交车站,白天的时候公交车会带我回到大学校园的正常生活中。

我读书。

写了一两篇论文。

过了一门又一门考试。

我在俄勒冈大学游泳池的女子更衣室里洗澡，14岁的我就在这个泳池里获得了参加全美青少年游泳比赛的资格。

女儿的死在我内心是那样鲜活，感觉我们就像两个人走来走去——我的意思是她就像在我身边，就像我的第二个躯体一样，就像她日日夜夜在我的子宫里游来游去的日子。我每天都喝酒，酒量与日俱增。我日常生活的方方面面还算"正常"，但是我越来越懒得过正常人的生活了，我花越来越多的时间待在立交桥下面。我从来都不是一个人，因为女儿和我在一起。有些人会明白这种幽灵生活——不散的魂魄占据着躯体，这是一种由内而外的事实。我们有些人余生都在与死者同行。

我在笔记本上不停地写着一个疯女人的胡言乱语，或者说是看起来像是胡言乱语的东西。我什么书都读。在书中我能读到让我感同身受的故事，因为文学作品中人物的命运总是坎坷悲惨，沉重得无法呼吸。文学是异类的乐土。

对一个旁观者来说，那个笔记本里写满了奇怪的如同象形文字一样难懂的东西，但字里行间又能瞥见真实故事的蛛丝马迹。那些故事写的是一些奇怪的女孩，她们充满愤怒、爱意或艺术细胞，这些情感几乎从她们身上猛烈地迸发出来。而且随着我回到现实世界，我才慢慢明白我一直在撒的谎根本就不是谎言，它们就是小说，关于生活在一个女人身体内部的故事，关于我刚刚前往海底的旅程，关于死而复生的旅行。在别人口中被称为谎言的东西其实是为我打开的一扇扇大门，让我发现自己具有创造故事的能力。

10年后，我的苦难特征呈现出一种不同的形式。我的苦难变成了一种急切的渴望，就好像悲伤和痛失把我整个人掏空，只留下一个躯壳。一段时间之后，那个无底洞不再吞噬我了，它在虚无中产生了一种活生生的存在：那种似乎只有人类才能感觉到的疼痛，那种让你想要抓住什么实实在在的东西的疼痛——任何东西都行。

在我身体内，在夭折的女儿挖出来的那个"洞"里，诞生了一种足以吞噬一切的新的渴望。大自然憎恶真空地带，这种渴望来自我们身体中一种跃跃欲试的压力，一种动物的本能，这种本能原本会让我从桥上跳下去，但结果却变成一种疯狂的创造力。这是一种对种种思想的渴望，对性的渴望，对危险的渴望，对冒险的渴望。我读完了能得到的每一本书，之后我搜索作者读过的所有书，我也全部读一遍。我和老师发生性关系，和学生、和醉汉、和瘾君子、和男人、和女人，来者不拒，只要能在他们的眼睛里看到一丝狡黠或危险。没有什么毒品我不愿尝试。在我的好朋友佩奇的邀请下，我第一次参加了BDSM[①]派对，在那里我发现人们只需要我提供一个已被蹂躏过的躯体，除此以外我什么都不需要做。有时我吸毒后骑着自行车来到威拉米特河的水流湍急处，然后一头扎进水里，和其他朋克和街头流浪汉一起激流勇进，我们这些疯子觉得这样做很"有趣"。这种趋近死亡的乐趣驱使着你。

毫无疑问，我无须解释这种急切的渴望和随之而来的行为有多危险，这个道理我们大家都明白。

我真正想解释的是我这种渴望产生了什么样的结果，因为结果并不总是外界看来的那种自我毁灭。毁灭的另一面是

---

① BDSM是几个英文单词的首字母缩写，即绑缚（bondage）与调教（discipline），支配（dominance）与臣服（submission），施虐（sadism）与受虐（masochism），用来描述一些彼此相关的人类性行为模式。——编者注

3 "苦难让你变得更强大",只是荒诞之辞

自我表达的可能性,是创造力。我们和少年、青年和无望的成年人都会犯的错误就是忘掉了创造力。所有创造都有毁灭的一面,就像我怀抱中那个美若天仙却夭折的婴儿。我在文学作品中看到的是一条可能会让我们从苦难和自我毁灭走向自我表达的道路。我又读起自己在立交桥下写在笔记本上的那些疯言疯语,开始从中选取一些素材写起了故事。

结果一动笔我就再也没停止过。由此可见,女儿的死、进入那个精神错乱的真实状态、无家可归,这些经历都不只是悲剧,它们还有生成能力,让我笔耕不辍。

20年后,我的苦难特征最终成形,幻化成书页中的文字。我失去的那个女孩又在故事里重现了。故事里的那些女孩差点死去但却顽强求生,头发着火也能想出办法自救,被家庭、暴力、爱或社会规范囚禁却最终冲破文化樊笼,踏上了人们想象不到的旅程。我要说的是,我写得越多,就越能意识到我经历的所谓创伤——女儿的死、童年时期受的虐待、一直以来的愤怒、少年和青年时期的离经叛道——都是故事发生的地方,都是自我表达的领域。

30年后我的悲伤在特征上发生了根本变化,我只能把它理解为纯粹的创造力。在我写过的每一本书里都有一个女

孩，以后也一直会有。她们的存在将超越永恒，因为我已经不再相信线性时间，直到她们幻化成星际尘埃。

我女儿的名字叫莉莉。

我的悲痛、女儿的死、我的苦难，都不需要"忘记"，不需要治疗，也不需要通过咨询来摆脱，它们生成了我今生最重要的自我表达形式。我将会终生创造，它不仅对我的写作生涯很重要，对我作为一个女人的精神和情绪健康也很重要。那也是我学会爱的必经之路，只有这样，当我的儿子、我生命中的太阳来到身边时，我才能够无所保留地、欢喜地去爱。

死亡、悲痛和创伤一直都鲜活地存在于我们的躯体中，虽然在行为上有可能表现出从"它们的阴影中走出来"，但事实上我们将终生与它们相伴。写作、编故事、画画、艺术创作虽然不会将我从失去、不幸或创伤中解救出来，但它们的确会让我重新塑造自己和我的身体。从这个意义上说，异类就是要愿意一头潜入人生的水域，游到水底，找到沉船，带点东西回到水面上来。我们必须要找到表达方式，把我们的故事继续下去。

当我和你说文学和写作拯救了我的人生时，或许只有在

3 "苦难让你变得更强大",只是荒诞之辞

听我说它们进入我的身体并且在女儿离开后留下的那个空间驻留时你才会相信我的话。如果你也有能力一路游到海底,能够在漆黑无光的水里无所畏惧,能有顽强的毅力在历经人生最严酷的考验后依然屹立不倒,那么你也有能力将一些东西带回水面,以一种他们自己做不到的方式来帮助他人。

你不是可有可无的。

你对于你自己的文化至关重要。

我们异类是那种有能力走进悲痛中的人。我们目睹死亡,历经创伤,摆脱苦痛活下来,但是我们必须不断地讲述自己的故事,互相分担,否则这些故事就会把我们活活吞噬。我们的苦难不是基督的故事,我们的苦难能够产生世俗的意义。我们将希望的种种普通形式带给世人,不管他衣衫褴褛还是穿着雅致,都可以继续前行。

▽ ▼ ▽

我第一次见到乔丹·福斯特是通过一位我们共同的朋友——畅销悬疑小说家切尔茜·凯恩。切尔茜·凯恩个性张扬,秀外慧中,风趣幽默,是个社交好手。事实上,在切尔

59

茜举办的那些超棒的派对上，乔丹和我有时会蜷缩在角落里、卧室中或待在出口处，这是因为，异类也会想参加朋友的聚会，即使我们知道自己的表现会非常糟糕。为了恢复镇定，我曾在她的洗衣房里待了一个小时。永远不要低估小而神奇的干衣纸，它的香味有舒缓镇静的奇效。我和乔丹的共同之处就是无法自然舒服地融入。

在哪儿都不行。

所以我们形成了一条情感纽带，这条纽带还联结了我们对写作和对动物的喜爱，尤其是那种看起来不太寻常的，比如那种没有皮毛的小动物。乔丹也有各种苦难海底的经历，她对异类的描述我深有同感，这些都让我和她惺惺相惜。

错过了融入……我是与你不同的另一种情况。在人生的某些时刻或许会有一种骄傲感，这种骄傲感来自没有归属或者一种别样的归属。但大多数时候，有一种距离感横在你和能够融入的人海之间。他们能融入，找得到归属，自由流动，而你就像被一阵大浪把你推过去再拉回来一样，节奏总是和其他人对不上。作为异类的我知道一个事实，那就是异类已经为人熟知，它是我身体的一部分，虽然不能掩藏，但可以

3 "苦难让你变得更强大",只是荒诞之辞

被锤打重塑成类似常态的东西——但这只是就我自身而言,我不能也不想代表其他人。如果情况需要,我能画出一幅足以以假乱真、表现出能够融入的画作,抹除异类中"异"的成分。但我永远都不认同在我适应和融入之后的那一刻成为的那个人,因为那是假的,我是假的。我知道我无法融入。

人人都是异类,如同人人皆有人性。但这种笼统的表述忽略了一个事实,那就是有一些人真的没有归属感。(这是完全不同的概念,尽管不可否认会存在一些交叉因素。有人觉得他们和自己与生俱来的身体格格不入,或者无法认同社会为了归类方便而给他们指定的性别或者性取向。那种对强加的、本不属于自己的东西的深刻感觉可以作为素材再写一篇文章。)但是那种"既然我们都是异类,为何不能彼此融洽相处"的想法,实话实说,毫无根据。如果我们都是异类,那就意味着我们都能融入,事实上我们不能,而这很重要。成为一个异类并不意味着没有人性,正如不是异类也不一定就有人性一样。凡事都有一个涵盖范围,即使这个范围是我们自己制定的,我们有些人也还是位于远处,难以融入。而一些人不能明白的是,生活本就如此喧嚣压抑,有时候生活就像一股肮脏的急流从水井里喷涌而出,水面不断上升,水

势凶猛不可阻挡，冰寒彻骨，而井壁又湿滑得让人难以抓住。如果我们用这些人设立的标准来衡量自己会怎样呢？我们甚至都不会出现在那种标准体系中。

年纪越大，选择就越多，我可以自己决定在多大程度上适应这个世界，在多大程度上允许保留我的异类身份。我在很长的时间里都拒不承认自己是一个异类。这么做真是荒唐，就像我拒不承认自己需要戴眼镜，或者拒不承认因为自己长得不够高所以只能在一支普通业余球队里打篮球一样。我会告诉自己之所以无法融入是因为自己还不够努力。我总是全身心地投入学业，就算是不能融入，学校至少可以成为让我出类拔萃的地方。我出类拔萃只是因为我的成绩好，不是因为我和别人不一样。我与同龄人之间的差距越大——我并不承认自己是天才——越让我坚信自己无法融入。我融入不了"聪明孩子"的圈子，也融入不了懒散孩子的圈子。我真正能融入的就是我自己的世界，但我的大脑拒绝接受这种想法。我在学校里的表现一直很好，一直上到研究生都学业优异，但这种表现让我坚信自己找不到任何归属，还让我自责没有发挥出全部潜力。

奇怪的是，内心将自己当成异类，也可以成为一个避难

3 "苦难让你变得更强大",只是荒诞之辞

所。我人生大多数时候,最珍惜一个人的独处,因为既然无法融入,那么一个人的时候就像待在我的私属领地,犯最少的错误,认识最少的人,自然不用和他们"尬聊",这样自己就是最安全的。不过最近,我竟小心谨慎地欢迎起不速之客。内心是个危险之地,当你确定自己不属于外部世界时,你也不能完全确定你就属于自己的内心世界。有时候外在因素也至关重要。外在因素并不总是关键,也不是什么灵丹妙药(异类得的并不是一种想治就能治得了的疾病),而是灯熄灭太久之后递过来的一根蜡烛。

如果我知道什么有用,我会经常性地去做,我们都会经常性地这么做。这个问题太过复杂,以至无法用谷歌搜索到答案,如果凌晨三点你还是在网上用谷歌搜索了,那么你找到的答案都是错误的。当和世界格格不入时我该如何生活呢?我连如何在自己的世界中生存都不知道,又怎么能在外部世界中生存呢?把这类问题输入谷歌搜索,可找不到几百万条(有用)链接。我想说的是,我用写作改善了状况,有时候的确有所改善。有时候感觉我像借了一个聚光灯,将我的失败喷上油漆凸显出来,让它们看起来更加触目惊心,就好像我还没有刻骨铭心地记住那些失败,而那些失败

也还没有融入血液，和我的心脏一起跳动。有时候把无法融入的感觉写成符合语法的文字、句子和段落，循规蹈矩的语法会使这种无序变成有序，这能够缓解焦躁，在我的内心筑起一道堤坝，至少它能够暂时抵挡内心的波涛汹涌。然而堤坝也会垮掉，而且经常如此，这就是没有永久解决方案的原因，你无法强求自己去融入。你可以在寂静的清晨或者不再喧嚣的深夜散步，走上几分钟或一个小时，你便会觉得找到了一种节奏，或许你会想，一直这样也不错。但事实不是这样。关键是在很多时候你都能找到这样的节奏，以免高潮之间的沉寂让你消沉、让你孤立、让你退缩，直至这种境况让你感觉是否能融入已不再重要。即使无法融入，你也必须时刻关注。

如果我们要教会孩子一个道理，那肯定是融入本身并不重要。融入反而不是难事。人人都期待融入，这让无法融入成了不解之事。我们应该告诉孩子找不到归属感很痛苦，这话听来或许很残忍，但那种痛苦可能不会消失。最终它或许会变成一种不同的、更深层次的痛苦，那种痛苦会在他们的内心蔓延扩散，成为他们的一部分。准确来说，这并不是悲伤，因为异类常常也是快活而幸福的。但对有些人来说，在

3 "苦难让你变得更强大",只是荒诞之辞

某个时刻发生的变化促使他们意识到自己骨子里与别人不同,这种想法就此生根发芽。有人能够坦然接受这一点,有人则会偷偷地把它藏起来,把它当成一种秘密的接头暗号,就像是在一个大家都不想参加的派对上和志同道合者悄悄握个手。对无法融入的孩子来说,我们最不应该告诉他们的就是要更加努力地改变自己,变得像那些能融入的孩子一样。不同中蕴藏着力量,不同中也孕育着美丽。

4
▼
▽

你的故事值得被倾听

在我第一次有机会实现梦想时，我是个异类，生活一团糟，牢骚满腹，悲惨痛苦。那是我最没有条件实现梦想的时候。在那之前，我只是在苟延残喘中度日。我从父亲的虐待中逃离，有过两次失败的婚姻，从大学退学，染上过毒瘾，进过戒毒所，蹲过监狱。此外，如我所说，女儿夭折的时候我几乎丧失了理智，有一段时间住在立交桥下，沉浸在难以承受的悲痛和失落中无法自拔。所以，在遇见梦想时，我这个异类差点将其扼杀。

　　所幸的是，并不是所有梦想都需要仰望。如果你也是一个生活一团糟、牢骚满腹、悲惨痛苦的异类，只要你还活着，梦想有时候就会凭空出现——因此如果你还在挣扎，请记住我说的话：有时候一个梦想的下面、侧面或者横切面还会有另一个梦想。

梦想开始的时候微不足道，因为它就在我的手中。30岁出头的一个冬天，我给一个写作比赛投了篇短篇小说，小说名叫《似水年华》，主题是女儿之死是如何让我痛不欲生的。这篇小说还写了我在父亲差点溺水的时候救了他，尽管他曾经虐待我。我把这篇小说寄给了四家机构，它们分别是：哥伦比亚大学艺术硕士写作专业招生委员会；圣迭戈州立大学招聘委员会，他们正在招聘一名可获得终身职位的写作教师；俄勒冈州的文学艺术写作中心，小说作为写作样本是为了申请一项经费；《诗人与作家》杂志，小说也是作为写作样本来申请莫琳·埃根作家交流奖的。

第二年春天，也就是我寄出小说一个月之后，我的邮箱里收到了四封回信——白色的信封，四四方方，散发着"如果梦想成真"的神秘感。

- 哥伦比亚大学同意接收我攻读艺术硕士学位。
- 我得到了那份可获得终身职位并讲授写作课程的工作。
- 我得到了3000美元经费用于写作。
- 我也获得了"《诗人和作家》交流奖"，这意味着我可以去纽约，与知名编辑、代理人和作家见面。

4 你的故事值得被倾听

当我看着放在餐桌上的四封回信时,我的行为就跟和我一样的异类的行为一样怪异。我倒了一大杯加了青柠和冰块的伏特加,然后盯着那四封信看了一整天,动都不敢动一下。我想我当时是等着看那些信会不会像我其他梦想一样从桌子上溜走,掉到地板上。

最终,作为异类的我决定接受那个教职,不去读艺术硕士了。需要说明的重要一点是,我最渴望的其实是去读艺术硕士。你根本不知道我有多想去,我那颗支离破碎的心一直在渴望。我一生唯一的大梦想就是成为一名作家!但是我不能选它,因为我得生活,我得养活自己,其他人无论是谁都没办法照顾我。就这样,我抑制住了自己去哥伦比亚大学成为一名作家的渴望。名声斐然,不是我的追求,有一份工作才是我的追求;忍受苦难,继续前行才是我的追求。异类和把事情搞得一团糟的人不会成为成功的作家。

另外,我还接受了那笔经费,用它买了辆车。那时候我每周都从西夫韦超市偷一块牛排吃,好让身体获得一些蛋白质,所以当我看到那笔钱的时候,我的求生本能占了上风。当然,我想去巴黎,把浴缸倒满香槟,买 10 双不同颜色的正宗马丁靴,再买一件黑色机车皮夹克,但是,我还是买了

71

辆车，一辆安全可靠的车，一辆二手的丰田皮卡，它可以让我往返工作单位。我没有出去吃饭犒劳自己，没有喝香槟为自己庆祝，也没吃巧克力，甚至没有告诉任何人。

谢天谢地，去纽约领作家交流奖并没有给自暴自弃、没有梦想的人提供别的现实选择，否则我也会放弃的。那时候我几乎不由自主地去了纽约。你要知道，纽约是作家的聚集地，是梦想生根发芽的地方。

赢得《诗人与作家》杂志交流奖的所谓"奖励"就是从一个州到另一个州——对我来说，就是从俄勒冈到纽约。在纽约，你可以选择最想见的作家，《诗人与作家》的工作人员会尽力安排你们见面。你有机会在一个高雅的诗歌中心朗读作品，可以住在格拉梅西花园酒店，和光鲜、聪颖、出色的成功人士一起喝着苏格兰威士忌聊到深夜，仿佛你也是其中一员。你有机会在奢华精致的午宴和晚宴上见到编辑、出版商、作家和代理人。那些宴席到底有多精致？我从那里拿了三块亚麻餐巾，还偷了一家餐馆的菜单。我至今还保留着这些纪念品，从1996年保留至今。

我选择见的四位作家是卡罗尔·马索、佩吉·费伦、琳恩·蒂尔曼和尤丽黛丝。你不说我也知道，因为你们可能从没听说过她们。虽然她们知名度不高,但对我而言,这四位女性可是文学巨匠,而且,正是她们激发了我的灵感。

在纽约度过的四个夜晚是我一生中最自惭形秽却也最快乐的时光。持续数小时的晚宴比我的房租和汽车贷款还要贵。食物太美味了,我甚至觉得自己可能会晕过去,因为每吃一口,我都将食物含在嘴里不舍得咽下,时间长得都能化到嘴里。葡萄酒也不是让你牙齿变紫的廉价货,它甜如甘霖,好像牙齿都能在嘴里融化。还有那些年逾半百的伟大女性,由表及里,都是那么的聪明睿智、富有创意、光彩夺目、气场十足……我几乎感到呕吐、小便和性高潮一起袭来。去他的天堂,去他的巴黎,去他的巧克力和马丁靴,这些女性活在她们自己的精神世界中。这或许听起来很怪异,但是我之前从未有过如此体验。

她们的作品就是专门要离经叛道,狂野,激情,血淋淋的肉体,毫无悔意。这四位作家都坚持把人的肉体作为故事的主要内容。她们不是主流作家,也不是畅销书作家,她们奋力开辟属于自己的写作之路,这条令人惊奇的道路与主流文化并道而行,或者无视主流文化,或者像水流从大峡谷冲刷出来一样在主流文化中冲出一条新的道路来。我想让自己的写作风格也像她们的那样，我想紧随其后。我感觉她们的作品已经为我这样的人将汹涌的主流文化冲刷开来。

在和她们聊天时我几度哽咽，有多少次我都记不清了。望着她们的眼睛，试着从她们的话语中感受我的存在，我觉得自己好像什么都没说。有可能我当时是哑巴了，我已经很难记清自己当时是什么样子了，但我清楚地记得她们说过的每一个字，我对这一点确定无疑。我从没有如此充满创作欲、如此快乐。和四位聪明睿智、富有创造力、活出自我的作家坐在一起是一种奇特的"奖励"，一种稀有的奖励。

那是一次千载难逢的机会，对不对？来自俄勒冈的作家一炮走红，那可是纽约啊！对想成为作家的人来说，还有比这更大的梦想吗？这么多年过去了，现在想起来仍然能让我面露微笑。

但那次机会也让我鼻子发酸，如鲠在喉。悲伤在于我没有能力成为自己梦想中的作家——实现在纽约一炮走红的梦想。我当时只是在创作之路上而已，但这并不是一个成功的英雄故事。

我当时被引见给法勒-斯特劳斯-吉鲁出版社的一个编辑。他和我谈了谈我作为游泳运动员的生活，还暗示我有足够的素材写一本讲述我运动员生活的书。我也不确定这是一本什么书，可能是像回忆录一样的。我站在那儿就像个木头人一样，两手交叉放到胸前，只会微笑和摇头。他迫不及待地等我回应。但是你知道吗？我一个字都没说出来。他只能和我握了握手，并祝我好运。他像一个游泳教练一样拍了拍我的肩膀，还免费送了我几本书。

后来，在晚宴上，我坐在琳恩·蒂尔曼和享誉世界的W.W.诺顿出版社编辑卡罗尔·霍克·史密斯之间（令人悲伤的是，卡罗尔之后不久就去世了），琳恩试图说服卡罗尔由诺顿出版社出版我的作品。当时卡罗尔·霍克·史密斯靠近我说："好啊，那就给我寄来作品吧。"她那双明亮犀利的眼睛发出灼灼之光，穿透我那愚蠢无知的脑壳。

大多数人回到俄勒冈可能一下飞机就会立刻飞奔到邮局，但是异类会怎么做呢？光是想象自己往信封里装上东西，然后封上口就花了我十多年的时间。

在那个时髦的诗歌中心朗诵完之后，一个非常知名的文学作品代理商径直走向我，问我愿不愿意让她做我的代理人。那是当场啊，我顿时说不出话来，仿佛失聪了一样，只是微笑着和她握了握手。我当时想，我可能会在盛装出席的所有人面前哭出来。除了一句"我不知道",我什么都没说出来。

她说:"那好吧。"

那么多人向我伸出了友谊之手。

我想和你说一件重要的事,一件关于像我这样的人的事,关于异类的事。其实,明白一点很重要:有心理创伤的人并不总会知道如何答应别人,即使机会就摆在面前,他们也不知道如何做出重大抉择。这是在我们身上挥之不去的耻辱,这是想要什么美好事物时就会有的耻辱,这是感受到美好事物时就会有的耻辱,这是当我们不相信自己有资格和自己仰慕的那些人站在同一屋檐下时就会有的耻辱。

如果我能回到过去,我就会劝诫自己,我就要像我见过的那些女人一样。我会是那个无畏、聪明、富有创造力的女人,告诉自己如何站起来,如何得到想要的东西,如何去索要这些东西。我会是那个年逾半百的女人,我会说:"你的心智、你的想象力就是一切。"看看这是多么的美妙。是的,就是你。你有资格坐在桌旁,你的光辉会照亮我们每个人。没有彼此,我们什么都不是。

在返程飞机上,当细雨滋润的常青树和俄勒冈的河流映入眼帘时我意识到了一点——即便我是个女性作家，也是有心理创伤的那种。我在飞机上喝了很多那种小瓶装的酒，自怨自艾。我要说的是我一无所获地飞回俄勒冈，没有书约，没有代理商，有的只是满脑子的愉快回忆，它让我记得成为一个知名作家会是什么样子，因为我曾经和那些知名作家坐得那么近，因为我曾和她们一起用餐，一起分享完美时光。回忆是我给自己的唯一奖励。

独自在家，静谧时我还能听到她们的声音，那些女作家的声音。她们说："不要听信那些劝你改变自己声音的人。找到你的声音，永远别回头。""有时候把故事讲好正是你拯救人生的方式。"

我现在也是年逾半百的女人了，一个母亲，一个老师，一个女作家。我写了第一本回忆录，尽管不是从在邮箱里看到梦想之信的那一刻开始写的，但那本名为《似水年华》的回忆录还是出版了。在书中，我讲述了我一次次不得不重塑自我的故事，一次次看似失败的经历又如何变成了通向美好结局的一扇扇奇特的大门。我只需承认自己内心已经住进了一位作家，我只要认真倾听就好。

你可以是醉汉，也可以是逃离虐待的幸存者；你可以有前科，也可以无家可归；你可以失去一切，包括金钱、工作、丈夫、妻子，甚至包括你能够想象到的最可怕的事情，比如失去孩子；你可以失去理智，也可以站在失败的废墟中啜泣不语。即便如此，你也依旧是美好的存在。你的故事值得被倾听，因为你——你是独一无二、不同寻常的异类——是世界上唯一能用独到的方式来讲述自己故事的那个人。

我会静静地聆听你的故事。

▽ ▼ ▽

在我第一次遇到奥尔西娅·胡斯提斯·沃尔夫时，她还是一个参加东俄勒冈大学艺术硕士短期函授项目的研究生，而这所大学是我有幸执教的学校之一。

前三天，奥尔西娅和我没有任何眼神交流。

她在课堂上的发言有点像搅拌机搅出的疙疙瘩瘩的颗粒，她提出的问题也让人觉得尴尬而不自在。

我一下子就喜欢上了她。

奥尔西娅成为作家的旅程意味着她既要走入文化故事中，还要从文化故事中走出来。我相信她是新一类作家。我这样说的意思是，尽管存在各种各样的文化分歧，但我们新一代作家和艺术家还是应运而生，就像婴儿刚刚长出的咬得动肉类食品的乳牙一样。下面是她的故事。

作为女孩，社会已然为我们制定了需要达到的顺从标准。女孩在美国社会不得不受制于不公平的标准，这种现象还在变本加厉，最近的选举结果尤其能说明这一点。作为一个也有白人血统的美国原住民，这种不公平在我身上早已存在，现在依然如此。我们难以获得公平的评价、同等的机遇，我们的诉求也无人倾听，对于这些，我最初的反应是愤怒和抗议。我一直想方设法，希望因为我的出身或者身份，我的诉求不会被淹没或者忽略。

我是一个异类，也是一名女性，我要大声表达自己。我知道我的种种原则，也知道如何修订这些原则。我在表达诉求时平静镇定、目标明确、就事论事，于是我就对那些思想陈旧闭塞的人构成了威胁。是该改变的时候了，这一天早该到来。我是一个异类。

我在一种以生存环境为中心的丰富文化中长大，一切都围绕环境的变化而变化，从渔猎采集到在蒸汽浴室中举行宗教仪式，再到居住在如此偏远的乡村。漫游山间和骑马是我的童年趣事。童年早期，我们看到了河流的变化：外出采集时，牛儿不得不去更远的地方喝水，而不是在小溪里游泳。这种成长环境让我和同龄人的思考方式不同。人们产生了不同程度的愤怒或愧疚，因为我是一个敢于大声表达想法的女孩，因为我是一个美国原住民，因为我大声反对人们不公平地对待女孩、女人，破坏环境——这种概念在美国乡村并不受欢迎。我的亲姑姑是白人，她说我被我的原住民文化洗脑了，她还和我说发生在我们身上的事是一种进步。算了吧。

我是异类新文化中的一分子，这种新文化给我增强了信心，让人们知道我不会是唯一努力影响所有人改变看待环境方式的人，也让人们意识到美国是原住民的家园，我们仍在这里安居。当然，还要重视女性，确保她们继续享有人权。

我并不知道是我的家庭把我养育成这个样子的。说实话，我一直都觉得我是错的，但是他们支持我，而现在我的家庭变大了——和我一样的异类作家也成了我的家人，因为他们也以他们的方式"养育"了我。我家的家训是：把孩子培养成"熊"。熊被视作领导者，它们过着独居生活，遵守造物主的法则从不越界，却总是相互监督。熊一般不去在意别的熊拥有的东西，它们各过各的日子。到了庆祝活动甚至局势紧张之时，我们就会像熊一样从四面八方聚在一起。

明白自己是个异类让我相信这个世界上还有很多像我一样的人，我没必要这么紧张焦虑。这世上还有很多杰出人士希望和美国原住民和谐相处，希望有一个清洁的环境，愿意为女性争取人权。在努力奋斗的时候想到这一点也算是一种慰藉。终有一天我们会让"异类"这个头衔入土为安，让它成为永久的回忆。我对这些艺术家和作家充满信心，他们在为后世千秋万代而战，就像现在的我一样。

我感觉自己是异类中的异类，然后我意识到自己这么想是多么荒唐，因为我们需要彼此。在一项活动中，有人对我所在的社区进行了一次调查，调查的问题是人们更愿意听取一个戒掉毒瘾的人的意见还是一个找到办法避免成为吸毒者的人的意见。人们给的答案正好是一半一半。有人评论说，更愿意听取有此经历的人的意见，年老者和年轻人则想知道如何避免吸毒。所以我说，在吸毒这件事情上，人们非常需要异类的意见。而且我还要补充的是，凡是和异类相关的话题，人们都需要异类的意见。人们需要我们的故事，我们的故事是知识的一种呈现形式。

5

▼
▽

艺术将给你治愈的力量

我觉得一首主题曲很快就会过时，但对很多现在已经长大成年的人来说，当年节日特别节目《红鼻子驯鹿鲁道夫》中的"异类玩具岛"就是一首主题曲、一个主题故事和一段人生主题。啊！我们当时是多么喜爱盒子里的查理、斑点象、会游泳的鸟、骑鸵鸟的牛仔、尾部有方形轮子的火车、能发射果冻的水枪、一架停飞的飞机，以及前面两个轮子、后面一个轮子的滑板车。还有一些趣事对我们来说也很重要：多莉看上去是一个很正常的布娃娃，但她却与异类玩具为伍，特别节目上从来就没有对此进行过解释。许多年后，在美国国家公共电台（NPR）的《等等……先别告诉我！》的新闻智力竞赛节目（2007年12月8日播出的那期）上，《红鼻子驯鹿鲁道夫》的制片人小阿瑟·兰金提到多莉有心理问题，她被自己的主人遗弃，导致她患上了抑郁症。①

实际上，在鲁道夫、尤康·科尔内留斯还有邦伯（可怕的雪怪）身上我们都能找到自己的影子。

在孩子们的世界里，异类玩具、剪刀手爱德华（同名美国影片中的主人公）、大人物拿破仑（同名美国影片中的主人公）或者《七宝奇谋》《歪小子斯科特》《小屁孩日记》等电影中的人物，这些形象到底有多重要呢？我想我们有些人可能会说重要到可以拯救生命，对，就是这么重要。

在我的一生中，除了《红鼻子驯鹿鲁道夫》，对我有帮助的影片还有《查理·布朗》《哈洛与慕德》《铁窗喋血》《安妮·霍尔》《魔女嘉莉》《飞越疯人院》《早餐俱乐部》《乌鸦》等，以及蒂姆·伯顿和韦斯·安德森执导的每一部作品。

我逐渐明白，异类能在生活中艰难前行而不自暴自弃的部分原因是，我们偶尔能够在这些影视剧里看到这类群体的代表，他们能够帮助我们。我们能够看到剧中人物即使是异类或者社会弃儿，他们也有自己独特怪异的美丽或存在的意义，尽管结局并不一定皆大欢喜。剪刀手爱德华和大人物拿

---

① 参见 http://www.newyorker.com/culture/cultural-comment/praise-rudolph。

5 艺术将给你治愈的力量

破仑,他们最终并没有春风得意,但他们的确在世间完全按照自己的意愿为自己赢得了一席之地。兰德尔·P.麦克墨菲(《飞越疯人院》中的主人公)的脑白质被切掉,并被永久清除,但是他的灵魂在印第安人酋长布罗姆登身上获得了永生。魔女嘉莉没有活下来,但是她的灵魂一直都在,而且时刻提醒我们,当有些人不同于循规蹈矩的普通大众时,仇视他们、鄙视他们对于美丽和流行的标准其实是在犯罪。

第一次看《大人物拿破仑》时,我的胃疼痛难忍,我一点也没有笑。那种感觉太真实了,电影中的场景好像就发生在家里一样。电影对他怪异的描写非常准确,我几乎看不下去。

后来每看一次,我就变得更强大一些,现在它是我最爱的电影之一,因为我现在能笑出来了,我能和电影中的画面保持一点距离了,我能感受到一种艺术的治愈力量,而在我青少年时期并不能感受到这一点。从真正意义上说,那部电影帮助我回过头,重新修补了自己成长中一直缺失的那一小部分,因为缺失的这一部分,我曾被困在原地无法继续生活。我十几岁时的家庭生活恐怖到足以让人患上幽闭恐惧症,我受尽虐待,恐怖至极。与此同时,我无法融入学校里的任何团体或圈子。我唯一的安全感来自一个人的自在。所以那种感觉就像是找不到可以安身立命的地方——家里不行，学校也不行。于是当看到或读到一个角色跟我一样经历了那种孤立，从看似怪异或与众不同到至少彰显出一丝社会意义时，即使无法融入社会，也足以能够让我们团结在一起了。就像观众在电影院里起身鼓掌一样，我现在可以看着那个角色，喜爱他，为他欢呼，为他怪异的舞姿喝彩。我到现在还有一双原版月球靴（《大人物拿破仑》电影中的道具之一）。有时我会偷偷穿一穿，暗自狂喜。

我过去常常在生日那天看《飞越疯人院》和《杀死一只知更鸟》。在我二十多岁时，它们一度是我最喜欢的电影和图书。在这两部作品中，异类都有自己的高光时刻，比如，在《杀死一只知更鸟》中，布·拉德利救了斯考特和他哥哥杰姆，以及他把宝藏留在一棵树上让孩子们去找。又比如，在《飞越疯人院》中，兰德尔说服病友冒充医生，他带着"精神病人们"出去划船、钓鱼；印第安人酋长亲口承认自己既不聋也不哑，而且笑起来嘴巴比俄勒冈的一条河还要宽；酋长搬起该死的洗漱台直接扔到窗外，砸烂窗户离开了一直在扼杀他们灵魂的精神病院。

在我有幸见到《飞越疯人院》的作者肯·克西时，这部电影我已经看过7遍，小说读过3遍，我是在偷偷旁听俄勒冈大学开设的一门创意写作课时遇到了他。之前我在得克萨斯州退了学，又到俄勒冈州重新开始读大学本科。我朋友梅雷迪思当时正在这所学校攻读艺术硕士。当肯·克西同意在那里教一年的小说写作课时，梅雷迪思悄悄拉着我一起去听课。因此我的第一堂高品质写作课其实是偷偷潜入、误打误撞的结果。

如果异类都想找一个典型代表，肯·克西可谓当仁不让。我们就非常渴望找这么一位代表。他写的每一个字、人生中的每个时刻，都拒绝服从周围的一切。坦白地说，那是我女儿去世一年后，我刚刚发现我不知怎么回事就写出了一些奇怪的文字，在那个特殊时期我遇到了肯·克西。如果当时没有遇到他，我可能就失去了摆在面前使我成为一名作家的最重要的机会。对我来说，在很多方面他比我父亲都重要得多。

而且如果在我们初次见面时他没有悄悄地贴近我耳朵说"我知道在你身上发生了什么，死亡就是个该死的浑蛋"这句话，我们就不会因为两个死去的孩子而立刻心灵相通。我那美丽的还是小婴儿的女儿和他那英俊强壮的摔跤手儿子，是我们的第二个自我，他们围绕着我们的身体久久不去。如果没有发生这些，我不知道我是否还会再次相信这世上的任何人或任何事。

有时候从异类嘴中悄声说出的一句话就能改变你的人生。

我前面已经描写过走进教室第一次遇到肯·克西的情景。我也写过那长达一年的小说写作课，我们和克西时断时续地合住在离校园很近的出租房中，我们去参观他在普莱斯特山的农场，我们开始了解形形色色的异类人物，比如威维·格莱维（美国艺人和社会活动家）、加里森·凯勒（美国艺人、喜剧明星和广播节目主持人）、蒂姆·里瑞①、汤姆·沃尔夫（美国记者、作家）、亨特·S.汤普森（美国记者、作家），还有怪才尼尔·卡萨迪（美国作家，"垮掉一派"的代表人物之一），他的幽灵形象我们只在家庭自制影片中见过。

当时我在想，女性该从何处、用何种方式融入故事中，或者我当时就渴望融入故事中，现在依然如此。

克西在俄勒冈大学读的本科，这也是我选择那所学校的主要原因。1957年毕业后，他获得了斯坦福大学的奖学金，在那里他完成了小说《飞越疯人院》。这部小说的灵感来源

---

① 美国心理学家、作家，20世纪60年代因使用迷幻药等改变意志的药物做实验而失去哈佛大学教授一职。——译者注

于他在门洛帕克退伍军人医院值夜班的工作经历，克西会因为服用迷幻药而异常兴奋地跟那里的病人聊天。在教我们写作课时，他告诉我们，他不相信那儿的病人得的是精神病，社会之所以抛弃了他们，是他们的行为举止不符合传统观念标准。或许认识克西使我开始明白，成为异类并不一定就一无是处。

实际上，异类也有可能成就一切。

克西搬到加利福尼亚的拉洪达后开始组织嬉皮艺术家活动，成为"快活的恶作剧者"组织中的一员，他还是谷种迷幻药（LSD）的倡导者。1965年，克西因非法私藏大麻和伪装自杀被捕，在狱中待了6个月左右。

2014年，大麻在俄勒冈州合法化，时至今日，大麻生意依旧红火。我会情不自禁地想，曾经让你被捕入狱的事，多年后竟会变成合法的。

这就说明真相会变化，而发生在真相之间、不断变化的具体化的真相就是故事。异类讲述的故事之所以最精彩，正是因为我们的生活依赖于在不断变化的真相中游走。

很多时候，异类会成为这样或那样的艺术家。艺术创作是人类情感最强烈的表达方式，而异类在这个领域不仅能真正立足，还可以找到归属感，也无须忍受别人的评头论足。艺术家很擅长直面和利用他们的异类本性，因为既然文化的中心对我们来说没有任何意义，还让我们感到自己丑陋、肥胖、愚蠢、疯狂、怪异、叛逆、不受欢迎，那么我们就想生活在文化的边缘。艺术是一种文化药剂。比如，有时候你给青少年罪犯一块画布、一张白纸或一件乐器，让他们寻找自我表达的方式，他们自暴自弃的态度就会发生转变，甚至会彻底消失。当然这种情况不是总会发生，但有时候的确是这样。

有时候异类艺术家会变成异类瘾君子。克西既是瘾君子，又不是瘾君子，按我们现在看待事物的标准，这个句子并不好理解，但事实的确如此。

我还没写到的是我非常想念他，他的离去让我痛苦万分，就好像他正在给我、给我们传递着某种东西，还没传过来他就都带走了。他去世了，留下我们还在这里伸着手要呢。或许把我们留在这儿继续伸着手要是件好事，或许他是要让我们看清这样的事实——我们并不孤单，我们可以走进一个房间，生平第一次幸运地感觉到还有其他人跟我们一样，而他的去世会让我们不断伸出手来……或许那就是一种异类式的

5　艺术将给你治愈的力量

启示，而我又在那么多人身上找到了他的精神。

▽ ▼ ▽

第一次与聪明美丽的梅丽莎·费博斯相遇是阅读她的回忆录《无比精明》的时候，书中描述了她在市中心地下城里提供施虐性服务的4年。她将那段生活称为"自己创造的地狱"，对此我感同身受，她高中辍学、吸毒和酗酒的经历也与我有相似之处。我这么和你们说吧，在我见过的人类境况之中，她的故事属于最大胆、最清晰的了。后来我见到了她本人，毫不夸张地说，我们各自身体里的故事好似螺旋交织在一起。在某些方面我把她当作姐妹，尽管我们的人生不尽相同，但无论是身体还是心灵，我们一定有种相互牵挂的亲情。我觉得我们人生故事的发展带有彼此的印记。下面是她作为一个异类艺术家的故事。

我的确认为异类——一个与社会规范格格不入的局外人——的身份是我自己在探寻艺术之路时遭遇的一个问题。我说的"问题"和契诃夫所谓的"问题"一样，他说："作家的任务不是解决问题而是正确地提出问题。"也就是说，异类无法遵循社会行为规范是痛苦的，也是无法否认的，这逼着我去发现自己最真实的使命，而我的使命非常深邃玄奥，我决不会为了更好地融入社会而舍弃它。我从小就是一个做什么事情都遮遮掩掩的怪孩子，会把东西藏在自家后院。我很小就意识到自己很古怪，我读书很猛，后来注射海洛因也是如此。我母亲是双性恋、女权主义者和佛教心理治疗师，她把我培养成了素食主义者，把我童书中凡是有性别歧视的地方都用防褪色记号笔改正过来。我父亲是波多黎各的一名船长。我喋喋不休地说这些其实就是要说明一点，这一切都是无法避免的：我与别人不同，我们都和别人不同。

这些不同曾使我陷入许多黑暗处境，这种"黑暗"没有文化参照和文化认可之光的照耀，它被羞耻的幕帘挡住光亮。举例来说，我对自己尤其是作为一名女性所处的权力地位感到不满，而且我热衷于追逐性的好奇和对性的渴望，所以我在21岁的时候就应征了《乡村之声》上的一个广告。在电视上、学校里和杂志上都没有对我这类女性——另类女性气质的描述。这类女性既有典型的柔情似水，也有暴力的情感宣泄。因此我去了曼哈顿中城区的一个秘密地方，在那儿我创造了一个假身份来代表自己的一个角色，起了一个叫作贾斯汀的名字。通过她，我可以尽情地做自己，进行本色出演，对那些阴暗房间外面的光明世界来说，我这些行为就是异类的行为。我记得有一次和一个客人产生了共鸣，他是哈西德派教徒，比我大 30 岁，他向我诉说了这种秘密生活给他带来的羞耻和孤独，他所说的这种秘密生活包括经常光顾我们的"地下城"。同样，我也在瘾君子中找到了认同感，因为在我十八九岁到 20 岁出头的时候我找他们买毒品。我们似乎最终都浪迹在堕落之地，因为我们都渴望解决或安慰自己身上的异类部分，并彼此陪伴。所以在很多方面，那些地方满足了我们的需求。

我还发现，艺术以及与其他艺术家一起交流能够更好地满足那种需求。只要分享我的旅程，我就可以去所有黑暗的地方（当然不会危及我的生命）并找到同伴。我和家人所有的古怪之处——我们的异类特质，最后都以一种非常透明的方式化解成了我的艺术作品。我的所有作品都在诉说秘密，我使用的词汇都出自自己的异类之源，它们包括心理治疗教材、我反复读过的文章，还有充斥我童年时期的种种影像。我知道可能有些作家并没有把写作当作一种生存方式，也并不想在世上创造出一块他们能够融入的乐土，但我确实不认识那样的作家。我的朋友和同龄人是一个自我选择的群体，我们找到彼此就是因为共同的异类特质，我们彼此之间最喜爱和乐意分享的便是那些独特的视角。

于我，艺术是最深邃的表达形式，因为它集身体、经历、才智和感官于一身，它能够最全面、最准确地表达人性中的方方面面。在艺术里，我们能以最快的速度明白彼此是多么相似，我们从不孤单。这是我从广义上对艺术的定义。

而对我个人而言，艺术的确如此，而又远不止如此。我本性倾向逃避，不愿与他人结交，性情多变且飘忽不定。我冲动，吸毒上瘾，常寻欢作乐、躲避冲突，如果不是写作，这些与生俱来的品性真会害死我。我曾是个瘾君子、性工作者，还做过第三者，纠缠于不伦之恋，千夫所指却死不悔改。这些欲望背后的驱动力量本来就不易制服，逆袭就更不用说了。唯一的逆袭之道就是深入且彻底的自我审视，再加上来自他人的爱与见证，或许还需要上帝（管他指的是什么呢）的帮助。卡尔·荣格把毒瘾描述成一种精神层面的低级追求，认为唯一疗法就是精神觉醒以及与他人建立联系。

有一次，当我陷入那场不伦之恋无法自拔时，我给母亲打了个电话。那时我每天以泪洗面，鬼迷心窍般疯狂爱着我的情人，我费尽心力想从她身上攫取一种安全感，但我要的太多，任何人都给不了彼此那么多，而我当时的生活也是凌乱不堪。我从不向别人吐露心声，因为我觉得这一团糟的生活和我的需求会令人反感，也很丢人。但是就在这一天我给母亲打了电话。我说："我就是一个废物，我一直哭个不停。"然后她说我还是婴儿的时候就没完没了地闹腾，等我长大一些后自然就不再哭了。我父亲当时总要出海航行，那会让我很难过，然而有一天我突然就不哭了。母女这段简短的对话带来了重要变化。首先，我向别人诉说了自己认为的那种苦痛。其次，母亲给我讲了这种情况的来龙去脉。就是那一点点的信息不知怎么就让我从一个"废物"回归了"正常"，这让我有点开窍了。这件事发生以后我立马就决定把它写下来。

也就是说，我认为所有"自我毁灭"的冲动行为都是在尝试与别人建立联系，在尝试寻找一种更高深的力量，只不过我误入歧途了。而写作就是我的解决办法。在写作中我可以审视自己，也可以向别人诉说自己。在那个敏感脆弱的地方，我变得有能力去爱与被爱。我找到了足以推动我信仰的东西，它可以支撑一切，对我的方方面面都能全盘接受。

所以，我认为"艺术实践"是生存，是归属，是宽恕，是我的信仰、我的神灵，是我与上帝的沟通方式。

我认为"正常人"可以通过观察我们是怎么做的来学会承认自身的异类部分。我在第一本书中描写了我吸毒、鞭打陌生人的屁股以寻求快感的情景，也说出了自己是世界上秘密最多的女人的那种感觉。当这本书出版的时候，我很震惊地发现竟然有那么多的陌生人、那么多的"正常人"读完之后对我的经历产生了共鸣。他们虽然没有吸毒，也没有去做性工作者，但他们都在自身的经历中感受到了莫大的孤独感。我不但坦然接受自己黑暗堕落的过往，而且把自己的故事公之于众，我的故事让他们看到了希望，让他们知道自己也可以这样。

我认为帮助他人实现这种自我恢复是一种伟大的服务。这是一种最美的殉道，你牺牲了自己的舒适（只是暂时地），暴露了你的秘密，你为了假装融入采用了低劣手段，为的是让那些见证者、"正常人"（我还愿意称他们为"普通民众"）能够受益。但是，你这样做不但不会殉道，还会获得自由，而他们能够看到这是可能的。

5 艺术将给你治愈的力量

　　我们不会死,我们会自由,我太喜欢这个说法了。从某些方面说,我认为所有艺术家都是异类。我这么想的时候看到的我们是一个图形的边边角角,这个图形里装着其他人,我们是那些边边角角,决定着中心是否稳固,决定着最终的图形是什么样子。我认为艺术是人类表达的最深奥形式,正是我们让文化保持了活力。

6

▼
▽

放弃你所坚持的『正常』

我对一部短篇小说喜爱得无以复加，第一次读的时候我胳膊和腿上的汗毛都竖了起来，我好像一直屏着呼吸读完最后一页，当时是否泪流满面已经记不清了。在过去28年的教学生涯中，这部小说几乎在我的每一次课堂上都讲过。这部小说就是詹姆斯·鲍德温写的《桑尼的布鲁斯曲》。我喜欢这部小说有很多原因，其中之一是小说讲述了一个如假包换的异类，他叫桑尼。故事的叙述者是他的哥哥，哥哥一直在努力试图了解桑尼。桑尼吸食海洛因上瘾，酗酒，但同时他还是个才华横溢的爵士乐钢琴家。

小说以叙述者自述开篇，他在哈勒姆区的一所学校教书，学校里那些没什么前途的男孩子让他想起自己的弟弟。弟弟在警察一次突击搜查的行动中被捕，这位叙述者还没从这个消息里缓过神来。

叙述者去打仗的时候，他的母亲去世了。母亲曾经让他保证要照顾好桑尼。叙述者在母亲葬礼后想找桑尼谈谈，试图了解一下弟弟的人生选择。当他问桑尼这一生想干什么时，桑尼说他想成为一名爵士音乐家。叙述者无论如何都无法理解这一决定，甚至还打击了桑尼的梦想。兄弟二人试图想办法继续生活下去，桑尼住在哪儿，他能干什么，他们总是在为这些问题争吵不休，根本谈不拢。

最后兄弟俩终于达成一致：如果桑尼乖乖去上学，他就能随时去伊莎贝尔父母家弹钢琴。

桑尼没有继续上学，他追随着自己的梦想，跑到格林尼治村去和他玩爵士乐的朋友混在一起，他依旧吸毒。于是桑尼离开了家，辍学之后又加入了海军。

兄弟俩从战争中平安归来后，都来到纽约生活。有时候他们会见上一面，不过一见面他们就吵架。但是当叙述者的女儿格蕾西死后，他决定再次和桑尼联系，因为失去女儿的痛苦使他渴望和弟弟重新沟通："我的麻烦使我真正理解了他的麻烦是真实存在的。"

作为成年人，桑尼邀请哥哥去看他在格林尼治村的表演。

6 放弃你所坚持的"正常"

他们讨论了人究竟会有多少种受苦受难的方式,这些苦难毫无美妙可言,却都真实存在。

在那个爵士俱乐部,哥哥意识到桑尼是多么有天赋、多么受人尊重。他聆听桑尼的演奏,桑尼的精湛表演很快就深深感染了整个房间里的人。当哥哥体会到桑尼的音乐饱含激情时,他决定给正在弹钢琴的桑尼送上一杯牛奶加威士忌,弟弟在弹钢琴时才是最好的自己。

这部小说之所以能深深打动我,是因为我把它当作一个异类故事来读。我能够与桑尼产生共鸣,尽管我意识到我们并不一样。我知道我们的经历大不相同,也知道原因,但是我能和所谓的瘾君子同处一室相邻而坐,认真倾听他们的故事,从不评头论足。我有一种奇怪的似曾相识的感觉,他们可能会是我,也可能会是你。

我就直截了当地说出来吧:我是你们常见的那种能正常工作生活,又有惊人毅力戒毒的吸毒者。此刻我那些从没吸过毒、酗过酒的兄弟姐妹没准儿正在不屑一顾地翻白眼呢。或许他们是对的,或许根本就没有人是我这种状态。我的身份并无什么特殊之处,我无处不在,介于两种人之间:一边是我们喜欢排挤的那种人,那种被我们妖魔化了的穷街陋巷中的瘾君子、违法者或者穷人；另一边则是更安全、皮肤更白的中产阶级。后者正是我多年来随年龄增长而融入其中的群体，我成了看似适应良好的、有工作收入的家长、配偶和所谓的好市民。其实我两者都是，我觉得有必要补充一点的是，因为我不像大多数有色人种，我有某种优越条件，所以当我犯了严重错误后还会有第二次机会。

从一开始我就要说清楚几件事。首先，不吸毒、毒品依赖和吸毒上瘾是三个不同的范畴，这三者都与毒瘾有一定关系。其次，在美国，从过去到现在，吸毒上瘾的人都是被排挤的对象，像罪犯一样受到惩罚。所以我要讲我的故事，但是我想让你知道我是站在拥有优越条件的立场上讲故事的。我的故事并不是你要听的最重要的故事，但是我的故事或许能够丰富其他故事，帮助人们学会倾听不同的声音。

第一次戒海洛因的时候，我被锁在一个一居室公寓里，有两个人同意轮流照看我，给我洗床单、洗澡。我全身是汗，毒素慢慢散发，直到排出我的身体。这次戒毒用了19天，再加上我的余生。那19天我感觉像是一整年患了7种不同的流感一样漫长。戒毒是个残忍的过程，就算你是个幸运儿也是如此。"幸运"的意思只是"有把毒戒掉的能力"

罢了，因为我深深明白，不管得到多少帮助，真正戒掉似乎都不太可能。说实在的，能获得的帮助也不多，有好几次我都肯定自己已经死了。我经历的那些噩梦、那些真真切切的梦境以及各种幻觉的可怕程度可以和希罗尼姆斯·博施（荷兰画家）描绘的地狱景象一较高下。

那种情景和战争地区相比也不相上下，在战场上成千上万的人，包括孩子，生死都由不得自己。

就毒瘾而言，对此时此刻的我来说，危险的并不一定是某一种特定的毒品，任何毒品都对我构成威胁。像我这样的人，在想要彻底摆脱自己身上"危险"的东西的时候，我会死死抓住其他东西不放手。这从很多方面看都很滑稽。在杂货店里，我儿子得不断提醒我离无糖可乐远一点。如果你还不知道，我来告诉你，汽水也有毒。但是即使你觉得无糖可乐并无大碍，我的问题也不只在无糖百事可乐上。问题是，当我痴迷于什么东西，死死抓住不放手时，这种瘾就成了一种思维习惯、一种意识结构、一种身体驱动，很有可能我就不由自主了。我的意思是，如果儿子没和我在一起，我就会径直奔向无糖可乐，如果他和我在一起，他就得轻轻地用胳膊肘碰碰我，然后掉转购物车朝面包或牛奶走去。

一件重要的事需要想清楚，那就是有些异类是我们能够辨别出来的，因为他们生活在主流文化的边缘，就像桀骜不驯的艺术家、无家可归者或者被送入收容所的人，而上瘾异类可能就在我们眼皮子底下，我们却看不见。

异类和其他人或许没有那么不同。即使是适应良好的模范市民，也会控制不住每天下午 5 点准时喝葡萄酒。我们都会觉得自己对购买下一代苹果手机的狂热有点不太正常。我可以不分昼夜地把所有时间都花在脸书上，或许我们所有人都这样。我们中有多少人花费了大量时间，痴迷般地非要对 WebMD（美国互联网医疗健康信息服务平台）一探究竟呢？我们中又有多少人能控制自己不吃掉一整袋薯片、一整板海盐焦糖巧克力或者不在凌晨 2 点喝罐子里的腌黄瓜汁呢？

我在过去用男女关系、自我毁灭来代替由迷幻药引起的快感或"醉酒"，这一点都不好笑。只要能填补我们体内的空虚，让我们感觉自己是完整的，只要能让我们的身体分泌出多巴胺，我们什么都可以做。

我要说的是我体内有上瘾的基因，但它会发生转移。有时候它会变成滥用药物，有时候这种上瘾会表现在行为上，比如违反规则的冲动，不过我似乎已经成功地从赤裸裸的犯罪行为上升为抵制权威和制度体系的小行动上了。

然而还有些时候，我的上瘾会体现在作为一个消费者的方方面面，这是我想讲述的故事的另一部分。我敢说今天的美国，瘾君子已经多到能组成浩浩荡荡的大军。他们处于不同的恢复期（或者根本还没有开始恢复），他们四处游荡，试图想搞清楚到底发生了什么，自己到底是谁。换句话说，或许我们所有人都会在不同程度上控制不住自己的欲望和行为。我们变成了我们购买的商品。社会弃儿、身处穷街陋巷的瘾君子或者路都走不直的酒鬼和社会其他人群之间的差距正在迅速缩小，两者趋于合体了。我认为这种合体很重要的原因是，或许是时候让我们认识到我们的冲动做法是残忍的、愚蠢的，这种冲动让我们把瘾君子无情地排挤出去，推到离我们很远的地方，把他们当作变态或罪犯，惩罚他们的行为。或许正在恢复期的瘾君子还可以和其他人分享有价值的经验，毕竟处于主流文化中的人愈加意识不到他们的人生也是为了追求自己无穷尽的上瘾。

我读了很多探讨上瘾的文章和图书，但并非所有观点都站得住脚。真正站得住脚的那些观点一般都是开门见山，叙事形式不拐弯抹角，直截了当讲述一个故事，那些故事里有我的影子，所以我感同身受。在《上瘾社会：资本主义、多巴胺和消费者瘾君子》（Society of Addiction: Capitalism, Dopamine and the Consumer Junkie）一文中，作者尼古拉斯·鲍尔斯提出了一个很好的问题："如果世界上几十亿人都沉溺于盐、糖、脂肪和社会地位等人类进化发展进程中的'弱点'里无法自拔，那么是时候提出这个问题了——我们是对资本主义上瘾的瘾君子吗？"他的文章重点关注的是大规模的上瘾现象，包括糖、脂肪、快餐、短信、钟爱的苹果手机，还有我们对软件难以控制的更新以及对脸书、谷歌和推特的沉迷。他在我们身上找到的原因是需求，大大的需求。就像永远得不到满足的需求与多巴胺（正是传统毒瘾中的神经递质）产生的真正原理密不可分一样，这种需求通常与瘾君子、穷人或违法者这样的社会弃儿联系在一起。

鲍尔斯雄辩地指出，这种需求和我们如今给自己讲的关于身份的故事直接对应：我们总在告诉自己永远都不够好，我们拥有的东西永远都不够，总是一文不名。这样说来，事实上我们在消费主义与生俱来的炫目光辉中已经失去了自我价值。这一点艺术家芭芭拉·克鲁格的描绘一针见血：

6 放弃你所坚持的"正常"

我买故我在

鲍尔斯总结了特伦斯·鲁滨逊和肯特·贝里奇先前写过的一篇文章《关于上瘾》，他继续写道：

大脑有两套运行系统，一套是基于需求的多巴胺系统，另一套则基于喜好，即类鸦片系统，它能够给我们带来愉悦的感觉。第一套系统的指令是"冲啊"，第二套系统的指令是"停下来享受吧"。但是有了社交媒体，我们现在生活的文化世界中"冲啊"的灯总是绿的。我们发短信、浏览脸书、进行谷歌搜索或打电话，数秒之内就能得到回复或结果。这激励了我们再次尝试，然后又得到回复或结果，这就会让我们再次尝试，于是就困在了这种多巴胺循环中。

对于他的问题"我们是对资本主义上瘾的瘾君子吗？"，答案是肯定的。

必然肯定。

那就意味着我们传统观念中的瘾君子和现在工作不愁、衣食无忧、社会地位节节攀升的普通个体之间的差距正在急剧缩小。大家服用的都是止痛药。

那么正在戒毒的异类瘾君子有什么经验可以和这些新兄弟姐妹分享的呢？

首先，不要再试图把我们从你们中踢出来，我们就是你们。

我做母亲的前两年真的是筋疲力尽，上课间隙在办公室里手忙脚乱地挤奶，每天睡眠严重不足以致开车都开不成一条直线，单从体力上说就不可能同时做完下面这么多的事情——批改学生论文、做晚饭、洗碗、洗衣服、性生活，就连每天洗澡、确保衣服没有穿反都是一件难事。疲惫不堪的我会在晚上上课前坐在车里喝几瓶组合装的小瓶葡萄酒，这种酒在西夫韦超市里就能买到，非常难喝。那个时候，我就是你。

我女儿在她出生当天夭折，我吃了一整瓶的安眠药。那个时候，我就是你。

我上大学时不怎么去上课，和其他大学生一样寻欢作乐，因为父亲的虐待，家庭变成了战场，给我带来的愤怒和痛苦如影随形、难以排解，所以我用海洛因和酒精麻醉自己。这种不幸的故事不是每个人都想听到的。那个时候，我就是你。

我被勒令退学后，除了和越来越危险的人发生性关系，我不知道如何发泄自己的愤怒、排解自己的迷茫，而那些人开始唆使我注射毒品。那个时候，我就是你。

我因吸毒后驾车差点撞死人而被监禁。那个时候，我就是你。

和那些你假装看不见的像幽灵一样的人一起住在立交桥下，为了活下去而想尽办法。那个时候，我就是你。

我就是你的一部分，即便你并不想承认我的存在。我余生都会留下这样的烙印——大家都知道我能做坏事，即使我也能做好事。你来告诉我：我和你有那么大的不同吗？承认我们是彼此的一部分打破了一种不良企图，即把我们异化成别的东西，比你们更阴暗、更肮脏、更软弱或者不如你们聪明的东西。然而事实上，我遇到的那些堕落的人并没有比我们中的任何人更阴暗、更肮脏、更软弱或不如我们聪明，他们就是我们。我们的人生路径是呈螺旋状纠缠在一起的。

我们这些处于不同恢复阶段的瘾君子还能和其他人分享些什么呢？

异类非常擅长在事情没有按计划进行的时候重塑自己，毕竟我们不得不这样做已经好多次了。异类能在怪异、艰难或困难中看到美的存在。现在比以往任何时候都有必要拓展"美"的含义，因为我们已经将太多的年轻女性局限在它最狭隘的定义中了。异类不但能自己学会把错误看作机会，而且能教别人这样做。当你走进监狱时你才会真正明白关上的大门是什么意思，但是当你走出监狱时呢？我的天！当你走出监狱时，你获得的是整个世界。

异类也很擅长确定离开一段糟糕恋情的正确时机，因为我们很早就能看到预警信号。我们知道什么处于危险之中。另外，我感觉异类非常明白对别人有用和让自己开心之间的区别。当然，这一点我不是很确定，要想确定的话或许还得做个调查。

6 放弃你所坚持的"正常"

我母亲酗酒,自杀而亡,我身上也有这种基因。但是,我身上还有活下去的动力,还渴望找到各种表达形式来帮助所有人明白,我们其实你中有我,我中有你。

▽ ▼ ▽

大约三年前,我的朋友扎克·埃利斯和我有过一次随意的午餐。当时扎克在鲍威尔书店工作,我们就在离鲍威尔书店大约一个街区远的一家小餐馆吃饭。我们坐在那儿的时候,我脱口说了一句:"三年后你的生活将会完全不同。"真不知道这句话是怎么说出来的。我们俩当时过得都有点惨,部分原因是工作把我们折腾得要命,还有一部分原因是我们过去做出的糟糕选择依然阴魂未散。我们都对将会改变自己一生的选择有些紧张不安。我当时并不知道,那句话其实也是说给我自己的。我们需要做的只是从书写自己的故事中勇敢站起来。实际上,我们俩都做到了。

我认为异类是这样的人:别人能融入的地方,异类做不到。异类拿到的牌和别人完全不一样,异类要做的就是找到手中那副牌的优势所在。我其实并不想融入。我是环境造就的异类，后来演变成主动选择的异类。

我是环境和生存造就的异类。我想从起点A走到终点Z，但往往会绕很多弯路，要经过B、F、X、N、Y、T这些点才会到达终点。在我看来，这能够讲得通，但在许多其他人看来是无法理解的。有时候我的世界感觉像是50年前没有任何插图的宜家说明书，而我又是唯一没学过瑞典语的人。我努力弥补，尽我所能试图找到解决办法，同时希望没有人注意到我。我知道自己的思维和别人不一样。我总是要在脑子里把事情想明白，我知道这不是"正常人"想问题的方式。我想我还是那个小孩，没有办法应对那些乱七八糟的麻烦，只能在非常有限的认知和能力基础上想出尽可能好的解决办法。

那个小孩总是焦虑不安。我对母亲最早的记忆是醉酒的她扔了一个大陶瓷盘子，盘子从我头顶呼啸而过。父亲基本不在家，他总是在外面给《国家地理》杂志写文章。母亲最关注的永远是她自己，她总会骄傲地承认她其实从来都不想要孩子。难得清醒时，她的生活重心首先是随时随地参加戒酒会，其次是工作，最后才是养孩子。姐姐和我会被她拽到

6 放弃你所坚持的"正常"

这些戒酒会上，戒酒会总在教堂的地下室里举行，会上她总让我们闭嘴。如果我们说话，或者她觉得我们可能会扰乱会议秩序，她就在教堂里找个房间让我们在里面玩耍。只有我们俩。你知道晚上的教堂有多吓人吗？我一般都是自己玩，因为姐姐也在尽力把自己照顾好。我们当时一个6岁，一个7岁。我自己编故事，故事中有一大帮看不见的朋友。我当时并不知道每天都得刷牙，也不知道洗澡时应该用香皂。母亲晚上10点才会离开戒酒会回家，然后把我们从睡梦中弄醒，带我们去芭斯罗缤吃冰激凌圣代。她说生活就是要一切都顺其自然。我当时不知道蔬菜很重要，糖并不是一种食物。不到9岁，我就拔掉了第一颗蛀牙，当时也不知道那不正常。我总是放松不下来，因为我不知道接下来会发生什么，任何时候事情都可能发生变化，有准备总比没准备强。我很孤单，我害怕交朋友。我七年级的时候还尿裤子，因为我根本就不敢请求别人的准许，哪怕是去厕所这么简单的请求我都不敢说。同学叫我"臭臭的埃利斯"，也有人叫我"怪胎"。我不再依靠他人，开始依靠自己。我第一次自杀是在10岁的时候，我试图过量服用妈妈的安塔布司（一种治疗慢性酒精上瘾的药物）自杀。我知道我做事情的方法不对，但是从来没有人告诉我该怎样换个方式去做。他们全都在羞辱我。

在看世界的方式上,我也有异类的感觉,这种方式让我在这个世界艰难前行。我的故事包含很多生存的元素。养育我的人根本无心做家长,没人教我基本技能,所以我一直都不知道我做得不对,直到我周围有了越来越多知道怎么做才是对的人,他们才指出我错得多么离谱。

我认为自己是一个男人、一名作家、一位父亲。我觉得我的人生经历被贴上了很多标签,但又觉得把这些标签一一扯出来很无聊。对我而言,因这些标签感到耻辱和利用它们是不一样的。我也可以说自己是一个变性人、一个恢复中的酗酒者、一个曾经的同性恋者、一个离婚人士、一个阿拉伯裔美国人、一个身体看上去没问题事实上生理有缺陷的男人。所有这些都没有让我感到耻辱,它们都是我的一部分,但是每次我遇到别人或者谈论自己的时候都把这些标签扯出来有什么意义呢?为了让大家都感觉好一些?那些都是我成为我的一部分,但是就算我只告诉你我是一个男人、一名作家、一位父亲,其他那些标签也并不会因为我没说出来就消失啊。它们会从我的文字中、我的声音里、我的生活里体现出来。

我整个工作生涯都是在和客户服务打交道。现在我是医院的一名接待员，我帮助那些患者或者找不到路的人。这是我的有偿工作。我也是一名作家。当我在医院时，我人性中最好的部分就开始发挥作用。我不了解其他异类，但因为自己在生活的太多方面都难以融入，所以我和那些痛苦挣扎的人能够产生共鸣。我会敞开心扉。当你能够真正接受自己的方方面面时，不管是光鲜的方面还有丑陋的方面，尤其是那些让别人感到尴尬害怕的方面，那些一直以来别人都说毫无价值的方面，我相信你就能把其他人当作真正的人看待，富有同情心地看待。作为一名作家，我在表述自己艰难存活下来的各种方式和我无法融入的各方面时反倒觉得是一种慰藉。刚开始写作时我是为了我自己，因为我需要用一种方式来表达自己这么久以来一直背负的苦痛。后来有越来越多的人和我聊天，告诉我他们对我的文字也感同身受。我很喜欢这种感觉，它让我知道我并不孤单，还有其他人和我一样感到自己与众不同。

我有两个8岁大的女儿。我不会把任何一个女儿说成异类，但我也不会把这种可能排除在外。一个女儿很内向，但不害羞；另一个女儿很外向。两个女儿都比较笨拙，一个是身体上的笨拙，而且还老忘记并不是所有人都这样，另一个则每天都开心地读好几个小时的书,然后自己讲故事。一个长大后想成为研究猫科动物的生物学家,另一个想成为社会福利工作者,像她妈妈一样。我后来决定养育这两个孩子最好的方式就是让她们保持自己的兴趣点,然后耐心倾听。当她们笨拙不堪时,当她们讲的东西我不明白时,我只倾听;当她们富有激情地谈论我可能并不赞同的事情时,我只倾听;当她们努力用自己的方式在世间前行时,我只倾听。

我把我这一生犯的成百上千的错误看作前车之鉴,我现在就是这么认为的。大多数时候我就直接把自己描述成一个傻瓜,因为我的人生之路走得太差。

因为有人说我不可能在大学表现得很好(我父亲说的),我高中毕业20天后就加入了海军,然后几乎是在喝酒中度过了四年的服役期。(还顺带犯了几个错误。第一个错误是:在冰岛执行任务时有机会只花20美元飞到巴黎玩一周,但我决定待在营房喝酒。第二个错误是:只要男人不喊我丑八怪,我就和他们发生无保护措施的性关系。第三个错误是:我怀孕了,不得不自己想办法解决问题。第四个错误是:21岁的我因为酗酒患上了溃疡。)

当我开始把这些错误都当作前车之鉴、当作我人生故事的一部分时，我突然明白我经历了很多别人不曾经历的，而我只想让那些感同身受的人在我身边。当我放弃努力成为我所认为的正常样子时，我开始发现走进我生活的人也都挺异类的。我的伴侣和我之所以心心相印，是因为我们都深刻感觉到自己似乎无法融入，我觉得这是我们为何彼此相爱的原因。因为她是我的家园，我是她的家园，我们是彼此的避风港。我们也无须解释为什么这么做，或者为什么有这样的感觉。我想这就是爱。

7

英雄之旅为何会带来痛苦

在大多数文化中都会有这样一个故事，旨在描绘戏剧般刺激的人类经历。英雄之旅是一种典型的故事模式，不管是在古代神话传说中还是现代冒险故事中都颇为常见。"英雄之旅"这个概念在神话研究专家约瑟夫·坎贝尔的著作《千面英雄》中得到了最好的诠释，后来克里斯托弗·沃格勒在其著作《作家之旅》中又对它进行了改编。

下面是一个很好笑的英雄之旅示意图（我稍后会告诉你为什么它很好笑）。

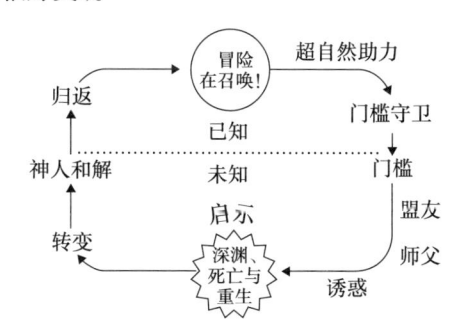

请原谅我的冷嘲热讽，说真的，这个示意图我最喜欢也是对我来说很好笑的部分在"冒险在召唤！"这句话最后的那个感叹号。还有"深渊、死亡与重生"周围那些奇怪的带小尖角的轮廓线，就像在说："哎呀！小心啊！我真是控制不住自己。"简单一句话，这个示意图让我捧腹大笑。

然而，如果像我一样用足够的时间观察这个示意图，你很快就会意识到这种叙事模式符合你这一生看过的、读过的或是听说过的几乎每一部电影、戏剧、电视剧、小说，甚至是《圣经》或者其他圣言文本。在美国，尤其是在美国的主流文化中，最畅销的图书或者最卖座的电影通常都符合这种典型的叙事方式，比方说哈利·波特、卢克·天行者（《星球大战》主人公）、耶稣的故事。

在进一步论述之前，我需要先说明一点：对于终其一生都在对这种原型进行研究的人，以及研究这些原型在历史学、哲学、宗教学、艺术、考古学、人类学中表现形式的全世界的所有人，我心中只有尊重和敬畏，绝无其他想法。

我不是对英雄之旅有意见，我的意见是我们在当今文化中把它当作一种商品来消费了，这种原型衍生出来的产品让我们的生活经历过度饱和。人们看到原型文化的表现形式和文化产物，就会渴望他们的生活也会如此，甚至有人认为他们也可以活得像故事里的人物那样，用不着再过现实版的生活了。但问题是，我们失败了。更糟糕的是，即使从一开始"英雄"这个概念只是杜撰，非英雄角色和非英雄行为还是会被解读为"软弱"或错误，女性化或丑陋，抑或就是注定失败。本来就纯属杜撰。我们什么时候忘记了我们并不是讲给自己的故事？当我们所讲的故事已经蒙蔽了自己，我们又怎能过真实的生活？

即便是一个有着绝佳故事主线的原型，有些人也无法融入典型的英雄之旅。比如，女性的身体、生活和经历不符合原型英雄之旅，有色人种的身体、生活和经历也不符合。再比如，美国原住民和非裔美国人也没办法通过这场旅行追寻属于他们自己的神话传说，因为他们只会被英雄当作自己打造新世界的素材。还有，穷人、（正在或尚未）恢复中的瘾君子、受精神健康问题困扰的人、罪犯、参加过战争的退伍军人或者难民，他们的身体、生活和经历也不符合。当你屈尊走出家门去跑步就可能会被袭击或强奸时；当你伸出手去拿自己车里或家里的书，或者从钱包里拿你的驾照，或者伸手拿一包彩虹糖就有可能遭到枪击时；当别人戴着精神不稳定的有色眼镜不加区别地审视你的心智或经济状况时,你不会舒服地跻身英雄之旅。你是最不折不扣的非英雄角色,并不在英雄之旅之列。更糟糕的是,你可能会被定义为反面人物,被定义为一个女巫、恶人。

虽然你能在女权主义和多元文化理论以及艺术、文学中找到英雄之旅原型的"修订版",但是让我更加烦恼的是这种原型以及依照这种原型而制作的主流作品或电影,已经变为我们逃避、娱乐或发泄的对象,并将某些群体及其故事凌驾于其他群体之上。

我想说的是,我们继承了"追寻你的梦想"这个神话,不管是有意为之还是根本没有意识到。它被称为英雄之旅。但是在这些成功故事旁边或者下面还有另一种神话,它是异类的神话。异类的神话是这样诉说的:即使在失败的时刻,你也是美丽的。你或许尚不知晓,但是你有能力从自己的废墟中无数次重生,那就是你的美丽所在。

在英雄之旅的情节中似乎有一种神奇的驱使人们有序前进的动力,而如果异类能把各阶段按照顺序排好该多好!在异类的神话故事里,各阶段都是混杂在一起的,它们彼此叠加,有错误的出口、令人毛骨悚然的地下室和令人出现错觉的楼梯井（我本可以给你画个示意图，但我不想吓到任何人）。而且你在任何地方都能找到它的不同版本，比如在自由女神像基座上的这首诗：

新巨人

不似那座著名的希腊青铜巨人，

叉开征服者的双腿跨越两块土地，

一尊高大的女神塑像将会拔地而起，

矗立在我们浪涌霞披的国门。

她高擎火炬囚住雷电，人称流亡者的母亲，

手中明灯闪烁，向世界发出欢迎的讯音，

双城之间的海港，上空一碧如洗，

那里是她温情目光统辖下的地域。

"古老的土地啊，让你的辉煌流传下去！"

她无声地呼唤："交给我吧，那些潦倒困顿的人，

他们蜷缩在一起，却渴望自由呼吸，

他们曾惨遭那片熙攘海岸的遗弃。

> 把那些无家可归、饱经风雨的人送来吧，
>
> 我将高举明灯守护着这座金门！"

虽然我们很多人能记住这首诗的最后几行，但我不知道有多少美国人能说出这首诗的作者。她的名字是艾玛·拉撒路，这首诗是应一个募捐者拍卖会的请求撰写的，为的是筹集资金来修建自由女神的底座。

再读一遍那首诗。

它其实是对传统的男性英雄之旅清晰直白的批判，就是那些"拥有征服疆域的臂膀"的男性英雄。取而代之的是之后不同的故事，故事中自由女神化身为一个热情迎接大家的母亲形象，一个全世界受排挤、受压迫者的希望象征。那些男性英雄尽可以维护他们流传已久的功勋，但她却愿意接收那些受排挤、受压迫的人，那些移民，当然我认为还有我们异类。

实际上，如果仔细寻找，在世界任何地方你都能找到这种英雄之旅的各种替代版本。然而，出于种种原因，这种英雄之旅已经上升为最重要的单一神话，并凌驾于其他类型的旅行故事之上。

7 英雄之旅为何会带来痛苦

在有人指责我把你们的英雄夺走之前，我先说明一点：英雄是伟大的。我也会吃着爆米花坐在其他观众旁边看电影，电影里的英雄克服困难打败敌人时我也会欢呼。虽然我可以津津有味地观看他们的故事，但并不意味着我就对其表示认同。我还有另一个秘密：我们很多人会暗地里同情那些所谓的反面人物。我被捕过，我去过监狱和戒毒所，我不是英雄，但是我的每一次堕落都让我深深地明白如何成为一个更好的人。

我的人生充满缺陷和错误。我人生中遇到的有些障碍是自己造成的，有些来自外部环境，我无法控制，比如父亲对我的虐待。我还没有从任何事情中涅槃重生，但我至少还坚强地站立着。我希望我能吃一堑长一智，从错误中吸取教训，但我也知道自己还会犯这些错误。我觉得这样的人不止我一个。

我出生在一个充斥着虐待的家庭中，因此就像这世界上的许多人一样，我的人生一开始就像是在地狱。我得自己去发现或者发明逃离舱，待在里面防止自杀。这根本就不符合英雄之旅的轨迹。我不停地用毒品、性或自我毁灭的行为麻痹自己，为的是减轻我无法过正常社会生活的痛苦，比如，上学、结婚、成为母亲和工作,还有两次退学、离婚、孩子夭折、两次被解雇。我可以仰慕英雄之旅,但它从没能在我的人生中实现过。因此,我讲的所有故事都有一种奇怪的形状。但是话说回来,这些新形状能不能被除我之外的其他人认同呢?其他人奇怪故事的形状能不能让我的生活过得更容易一点呢?那些即使不完美也愿意接纳我们的故事在哪里?

▽ ▼ ▽

我第一次遇到梅拉妮·奥尔德瑞特是在我的一堂课上,虽然她没选这门课,但她问我能不能留下来听课。

她是私自溜进来听课的。我立刻就喜欢上她了,部分原因是我上第一节创意写作课时也是私自溜进去听课的。20岁出头的时候,我从得克萨斯州的大学退学之后就搬到了波士顿,因为姐姐就读于波士顿的布兰迪斯大学。我在哈佛广场的一家时装店里找了份糟糕的工作,午饭休息时间,我就偷偷跑到哈佛大学创意写作课程的教室听课。几周后他们才发现我这个闯入者。那几周的时光美好极了。所以当梅拉妮出现在我的小说写作课堂上,我的答复一如往常:"留下好了。"

梅拉妮的故事让我感受到了另一种希望。那种希望并非来自充满信心的仰望,也不是来自对困难的克服或生命得到拯救,而是来自她自己的努力和想象力,她在现实中穿越,拒绝投降。你也许会说她把身体当作攻城槌,不断撞击她身处的文化在她周围筑起的高墙。然而,在人生错误的断壁残垣中,她仍创造了一个故事。故事在这世上可以以任何形状呈现,这种观点我很赞同,异类故事的呈现更是多种多样。这是梅拉妮讲述的自己的故事。

有一些怪癖或者奇怪的习惯不会把你变成一个异类。有人可以天天都穿带装饰绒球的袜子和厚底靴子,这在社会上是可以接受的,并不会招来是非。而异类是这样一种人,要么是因为他们特殊的身份特征,要么是因为他们的经历,他们无法轻而易举地获得社会认可。他们会搞砸一切或者不得不走一条奇怪的道路,这条道路除了他们自己,别人根本就搞不懂。或许在外界看来这很疯狂,或许是他们的挫折在其他人看来更像是失败,他们身上的一些特质决定了他们没有平坦大路可走。但即使如此,异类也需要集体。那个每天都

不合群的勇气

穿装饰绒球袜子的人和我不会理解彼此，但是我会理解那个因为害怕不敢直视别人眼睛的人，我也理解害怕会在心中产生一条线，自此人生中的每个决定、每段经历都会围绕着它。那就是我既想要又确实需要的集体。异类不会彼此评头论足，永远都不会。

我出生在一个贫苦人家，我是一个棕色皮肤的女孩，我聪明，好胜心强，也很叛逆。因为聪明，我上的是优等生班。遗憾的是，因为我正处在青春期，频频吸毒，课堂出勤率很低，生活中也发生了一系列爆炸性事件，周围都是些脾气暴躁的人，我没能很好地融入那个集体。我最后一天去上拉丁美洲历史课时，老师因为我的反复无常和多次挂科批评了我40分钟。那个老师后来拿过不少重要奖项，见过总统，是个很有名望的人。到了高年级，因为吸毒、翘课以及与典型优等生行为不符，我被半数课程除名。我的功课无可挑剔，行为却反复无常。当时我经常听别人说我的潜力如何大，而我又如何荒废了它，我现在还会听到有人这么说。我简直恨透了那句话，还有"潜力"那个词。

成年后，老实说，我有一半的时间不能完全确定到底发生了什么，但我能觉察到一些规律。我知道糟糕的事情发生时我一点儿感觉都没有，然后我就会把事情搞得一团糟。我知道当爱情危在旦夕时，我可能会做出很夸张的事情。我知道我对于"别那么做，因为那是不对的"的标准和大多数人的不一样。我觉得如果我随波逐流，人们期待贫穷的棕色皮肤女人怎么做，我就怎么做的话，我可能早就没命了。如果审视自己，我看到的我在很大程度上是从创伤中幸存下来的产物。创伤性的经历会产生严重后果。我要么充满激情，要么冷漠无情。我不擅长做我不在乎的事情，但是我在乎人，更在乎那些非常努力让自己生存下来的人。我擅长直接去他们所在的地方和他们见面，哪怕是在大街上、药店里或者他们生活的边缘之地。我去这些地方没有问题，因为我知道我有能力生存下来，或许大多数人做不到。我经常能不知不觉地找到事物的边缘，直到边缘深深地刺痛我，我才能意识到这一点。既然我已伤痕累累，那么我得有点信心。我想我的信心和其他人的也不一样。

童年时，喜怒哀乐是一种累赘。我的母亲有些精神问题，而四五岁的我想照顾她，却把我压垮了。我试图用小孩子的方式去面对照顾她时产生的各种复杂情感，这让我只想去死。之后许多其他的糟心事接二连三地发生，我的生活一直在变化，我大脑中还未发育成熟的认知系统想出的度过这一切磨难的办法就是不去产生任何情感。我清楚地知道，切断我的情绪和心理反应能力，在一定程度上，还有我的记忆，才使我走到今天。

我知道这种心态，也就是心理医生口中的"分离"，对我来说完全是由创伤造成的。在困难过去之前，我只能保持毫无情感、毫无记忆，但是在那段没有感觉的时期里发生的事情可能会是灾难性的。

我可能会让身体面临巨大的伤害而眼睛眨都不眨，也不害怕，也可能会让自己置身于充满暴力的事情或人面前而毫无感觉。我回首自己置身其中的一些地方，至今仍无任何感觉。但是我爱的那些人、孩子以及我认识并感觉本质上是好人的那些人，他们能把我活活吓死，和我说好话的人也能把我活活吓死。他们也让我恼火。你可以告诉我，我是危险分子，应该自行了断，我根本不会在意，但是你要说你爱我，觉得我有天赋，我就想当面给你一拳，然后赶紧逃掉。而且事实上，这些好词我根本一个都听不见。我觉得人们会说这是个缺陷，是我的问题。没错，的确如此，而且我保证我正在和心理医生商量解决这个问题。但这也是一种优势，在危险情况下你需要我这样的人。但是当危险过去后，你就开始挑我这种人的毛病。

听着，如果你和我一样，我不会告诉你，有一天你会幸福，或者你能够正视镜子里的自己，看到你的价值，或者看到你不想去死。因为我并不知道这些是不是真的。但是你现在在这里，而且还会继续在这里，能让生活和世界变得更容易的方法就是找到你需要做的事。这件事迫切需要你去做，它让你在做的时候能全身心投入，以至其他事情暂时都不重要了。它可以是你创造出来的任何事情，希望不会是让你进监狱或者伤害他人的事情。对我来说，这类事情就是帮助别人、攀岩和艺术创作。即使在我不想活的时候（说实话大部分时候我都这么想），或者当我看到镜子里那个一无是处的废物的时候（大部分时候我也是这么想），只要我正在做上面那三件事，我脑子里想的任何事情就都不重要了。因为其他人很重要，我就得去帮助他们；因为艺术重要，我就得去创造；而攀岩能把我脑子里想的事情缩小到我视野所及之处。即使这些事情并不能持久，它们也会让我开心。尤其是帮助别人，任何人都能做到。你付出了很多，却也得到了很多。你可以认为自己是个一文不值的废物，不值得活在世上，即便这样你也可以去帮助别人。对我来说,很长时间以来,帮助别人才使我在生命宴席上赢得了一席之位。那个时候帮别人起到了作用,现在不管怎样依然还会起作用。

如果你坚持的时间够长,如果你做这些只是保证活下去,那么重要的事情将会发生:你的人生将会是你自己的。它可能会改变一切也可能什么都改变不了,可能非常棒也可能很糟糕,可能会让你幸福也可能不会,但无论如何它都值得你守候。它是一种转变,一种难以言喻的感受,但是我可以肯定地说,如果它没发生在我身上,我将不会感受到在我成年生活中发生过的任何一件好事。虽然我并不总觉得活着是一件开心的事情,但我依然庆幸我坚守的时间够久,我的人生最终变成了自己的。在这之前我根本不知道还有"自己的人生"这回事。

2014年,我从一个悬崖上跳了下去。当然对这句话你可以有多种理解。我算是一个很有经验的攀岩者,所以一种理解就是我失足跌落了,另一种理解就是我自己跳下去了,而我可以肯定的是,后者确实像我当时该做的事情。

如果我是电视剧中的一个人物,我肯定会是杰西卡·琼斯(同名美剧中的女主角,她是一位有着心理创伤的超级英雄），只不过我是棕色皮肤而已。

坠落的时候，我脑子里唯一想的是"这就是我生命的尽头"，这种想法让我内心一片平和安宁。只不过事实上我没死。在跳崖的前几年，我吃过一整瓶药，还有几次服药过量，有一次我切开了一条动脉，不得不去医院缝合，在那儿还和一个经验不足的住院精神科医生进行了尴尬的对话。跳崖事件倒是有些不同，因为我开始思考我为什么总会做这样的自杀决定。

当我还是个青少年的时候，我就觉得自己不够好。棕色皮肤的小姑娘都是这么认为的，她们经历创伤，沦为泄愤的对象，一心求死。到现在我还会经常想，我是做得不够还是做得太多了。那时我觉得自己合乎体统的方式就是撒谎，我会编造很多谎话，撒了太多谎，所以现在我在左前臂上有一个文身，时刻提醒我曾经吸毒、不诚实、让一个人失望。我经常会想起那段爱情。我经常看那个文身，那是他们最喜欢的花的图案。

二十五六岁时的一个夜晚，我吸食了迷幻药，吃了致幻蘑菇，喝了酒，抽了大麻，然后深夜开车带着我最好的一个朋友穿越三个城市把她送回家。很显然这是愚蠢的决定，但我当时正在气头上，也醉得一塌糊涂，所以觉得就该那样做。但是，第二天早上，她对我的爱让我明白了爱的力量、爱的价值，这种爱不能被轻易毁掉。它让我明白我已经足够成熟，或许我既勇敢又脆弱的世界完全可以接纳一个同病相怜的异类，而她对我而言变得不可或缺。人们需要彼此，爱情也是如此，我从没想过会看到这一天的到来。这种爱并不是本族文化或学校定义的那种爱，这是肯定的。

我在不知觉的情况下学习了一些事情，铸成大错之后才意识到，"该死！我和别人不一样"。我学着从这些大错中改变自己。我希望我不是这样的，但事实上我就是这样。错误或许也是知识，或许这就是我必须要给予的东西。

一个漂亮的女孩奔跑在自我毁灭的道路上，却奇迹般逃离了人生的地狱。她曾经吸毒、不诚实，让一个她爱的人失望，但她也学会了如何写故事、创造艺术，如何将自我毁灭转变为自我表达。她并不总是对的，我们没有人能做到一直正确，但是她的故事让我觉得自己应当再努力一次。

哦！我是多么希望生活就像电影一样，按照英雄之旅的剧本一一展开。但是我已经等了半个多世纪，等待来到"超越界限"的那部分情节……但一直都没有等到。事实上,不但没能等到超越,反而更多的困难又都绕回来了,这些困难通常都是我熟悉的东西,只不过换了一种形式。我还记得第二次离婚之后我深陷绝望。我说"深陷绝望",意思是几周不洗澡、不换衣服,头发乱蓬蓬得像鸟巢,房间里到处都是吃了一半的食物,不开灯,不关电视,号啕大哭,特大号葡萄酒瓶和伏特加酒瓶被扔得到处都是。我怎么都想不明白到底出了什么问题,为什么我就不能像电影里的人物一样超越自己的苦痛,等到那美好的转变时刻——主题音乐响起,绚丽光芒照射到我的身上,我在那一刻幻化成蝶,涅槃重生!我的问题是超越不了自己的苦痛,但开始懂了一点点:最好的人生也是一片混乱。如果我们经历了一系列身体上和心理上的巨大创伤之后仍然选择坚强地活着,那么我们的内心也会伤痕累累;我们喜欢在人生中拥有美丽的形式和故事,是因为它们让我们感觉更好、恐惧更少;我们只是暂时在这个星球上、在有生之年尽全力活成最好的样子,而这个星球却正在被我们快速毁灭。我们中的有些人放弃了,结束了自己的一生,和我们这些以自己选择的不同方式继续前行的人比,他们没有更好,也没有更差。那些继续前行的人依靠的东西各不相同。有的人依靠信仰，他身旁的人依靠的可能是毒品和酒精，而此人身旁的人可能依靠的是肾上腺素带来的快感和兴奋，他旁边的人依靠的则是性、艺术创作、终生服兵役、当一个母亲、救死扶伤或者追逐名利。当然，站在我们身边的人也会有无家可归者，我们曾经也是如此。简而言之，世上有百万条不同的道路，这些道路又会有百万条不同的岔路，最终汇成百万个不同的故事。这些故事可能是不完整的故事、片段化的故事，也可能是互相矛盾的故事，但唯独不是单一的故事。没有哪个人的人生能够完全"符合"这种单一故事，它只在我们的文化或历史中存在和重现。英雄之旅做不到，"他们从此幸福地生活在一起"这种完美婚姻做不到，因信仰得以升华的故事做不到，社会习俗可以接受的死亡或爱情故事也做不到。尤其是爱情，因为对我们所有人来说，只要谈到爱情，任何人都会有异类的感觉。

这也是美之所在，奇迹之所在。

8
▼
▽

无法融入的身体

如果要追溯我那跌宕起伏的人生故事来找寻我成为异类的根源，我想至少部分是源于母亲的腿。

母亲生下来两条腿就长短不一，一条腿比另一条短15厘米。她跛得很厉害。那条呈白珍珠色凸起的、顺着她的大腿往上走的伤疤让小时候的我很着迷。她不得不穿定制鞋子，所以有只鞋子总有个奇怪而又神奇的假鞋跟。她的鞋子都很时髦。她是一个成功的房地产经纪人。和你所想的那种跛行严重、胯部终生疼痛的人会有的样子并不一样，她不停地从一个空房子走到另一个空房子，在房子开放日的时候一直站在那儿。

我家里从未有人用过"残疾人"或"残疾"这样的词语。直到高中我才知道"残疾"这个词，也可能此前我根本就没有留意过。母亲拒绝办理残疾人停车证。不到万不得已,她拒绝用拐杖。她每走一步都因为疼痛眉头紧蹙,但她一直坚持着,直到皱眉蹙额的表情变成她微笑的一部分和拉长腔调的南方口音。

祖母曾经有一次叫她"瘸子",那个词就像是亵渎了神灵,给我们家笼罩上了一层阴影。每当她回想起那一刻,她那双蓝色的小眼睛就会变大变亮,感觉如果有必要,随时能像一枚得克萨斯子弹一样射出犀利的光芒。

她出生于得克萨斯州的阿瑟港,在秘密和谎言中长大,在尘土漫天、热浪袭人的石油钻塔下长大,她想抓住一切能抓住的机会逃出来。

那个能抓住的机会后来竟是我父亲,一个来自俄亥俄州的北方人。

关于它对我的意义我思考了很多。"它"指的是母亲的腿。她身体的严重缺陷给她带来了困难。我想过,她没办法骑自行车或者骑马。在学开手动挡汽车时,我想到她肯定开不了,因为她的胯部和右腿太僵硬,没办法完成一系列动作。我也想到父亲很多次带我们去远足和露营,对她来说这有多么艰难和痛苦,然而我从没听过她抱怨一句,也从没看她表现出那种锥心刺骨的剧痛。我想知道,当医生告诉她不要冒险生孩子时,她脸上是什么样的表情。

大多数时候我都在想,当她想做髋关节置换和腿部修复外科手术时她是如何求我在我成年后和她一起生活的。我鼓起很大勇气拒绝了她。我想过要过她那样的生活需要何等的非凡勇气。当医生告诉她,她的胯部已经让产道变形,孩子出生时会被挤压致死的时候,她还是毅然决然生下了两个孩子。

作为一个成功的房地产经纪人,她因售出很多房子获得过一个又一个奖项。这些奖项全是靠她走出来的、站出来的。跛脚的她需要伴装时尚和美丽。她要忍受她的丈夫、我的父亲、虐待我们的那个人。她还要看着两个女儿长大离家,永远离开那个家。

你会很奇怪我为什么那么爱她的腿,我小时候真会那样。我想我可能是有恋物癖倾向。我会梦到它,白天在学校里会想着它,脑子里会出现早晨的场景——我每天早晨都坐在卫生间里,心疼地看着她化妆,她只穿着内衣和内裤,刚冲完澡,她的皮肤还有些发红,身上的水珠晶莹闪亮。我对我俩共享的这个奇怪又神圣的地方的一切细节都了如指掌。比如,她穿的是 38C 罩杯的内衣；她的内裤是尼龙材质的，内裤能遮住她的小腹，这一点她比较自卑，因为两条平行的剖宫产伤疤像铁路线一样横在她的腹部。但她还没自卑到在为上班做准备时把女儿从卫生间赶出去。

而她的腿才是真正的美丽所在。我猜大概因为我当时还是个孩子，个子矮，我这个高度总能看到一条垂直线和很多条像我大拇指那样长的平行线交叉缝合在一起。是这个缘故吗？反正她腿上的各种缝合线吸引了我。

时至今日，我依然觉得那些奇怪的、离谱的或者死亡的东西比其他人一致赞叹的那种美丽更有魅力。

我说会梦到它，意思是它以另一种形式鲜活起来。

在我的梦里，她的腿有神奇的力量，那是一种魔力。你知道，孩子都愿意以这种方式去相信一切，全身心地相信。

后来我上大学时读到弗兰纳里·奥康纳写的一部短篇小说，思想才发生了变化。

《善良的乡下人》这部短篇小说讲的是一个叫作乔伊·霍普韦尔的女人，她在攻读哲学博士之后全盘否定了她的基督教信仰。乔伊童年时在一次打猎事故中失去了一条腿，于是不得不用假肢。她视力很差，心脏疾病也会危及生命,这使她无法在学术生涯中有所造诣。她不得不住在童年的房子里跟母亲和那些爱指手画脚的租户一起生活,她变得越来越闷闷不乐、疾言厉色。她甚至把她那听起来积极向上的名字改成一个十分恐怖的名字:胡尔加。一天,一个名叫曼利·波因特的《圣经》推销员出现了,他设法赢得了胡尔加的信任,然而,他很快就原形毕露,不但比胡尔加更加愤世嫉俗,而且还残酷无情,毫不犹豫地偷走了这个残疾女人的假肢。

对我来说,那条假肢是有寓意的,代表了奥康纳自身罹患的红斑狼疮。此病让已经成年的她不得不生活在家庭农场由母亲照顾,也让她没有机会加入大城市里才有的知识分子的学术圈。那条木质假肢恰如其分地诠释了人所受的限制和约束,最终代表的是奥康纳因红斑狼疮之苦而丧失行动能力。

我不是想说我为此感到骄傲,而是乔伊·霍普韦尔这个人物正是母亲请求我在她康复期间回家和她一起生活,而我说"不"的原因。母亲想做手术。她将两个孩子抚养长大,一个是已经拿到博士学位的姐姐,另一个是正在读博士的我,我们都已经安全逃离父亲的虐待,立足于世。现在她想要过自己的生活,也想走出来,而我却一心想要生活在一个心灵世界之中，不惜一切代价远离身体曾经遭受的一切。我想成为一名作家。为了走出来，我放弃了所有。

我决不能死在父亲那带有恋母情结的房间里，此时母亲的腿对我来说是无所谓的。

感觉就像是我偷走了她的腿。

现在回想起来，我还能看到自己的丝丝残忍。我确实能看到。

如果我在南方长大，或许我会回去帮助她，或许我会立刻回去，毫不犹豫。南方最擅长把社会规矩和习俗灌输到一个女人的骨子里，其他地方都做不到这一点。但我是在旧金山出生的，因为当时母亲为追随父亲离开了家。她是家里唯一那么做的孩子。外祖母让她回家，她说不，她一次又一次地跑走了，大步向前跑，毫不犹豫。所以我是母亲的女儿。

母亲让我回家的时候我没有回去，之后也没回去。除了她癌症晚期时去探望过她一次，还有我刚生完儿子那次。那时我没去照顾她，虽然深思熟虑了很久，但我还是决定不能为了照顾她而搭上我儿子的生活。

听起来你可能会觉得我冷酷无情，或许我就是冷酷无情。然而故事远不止于此。

8 无法融入的身体

我16岁的时候住在佛罗里达州。一天，我高中放学回家，一屁股坐到客厅的沙发上。母亲那时候还没开始做房地产交易，她每天连衣服都懒得穿好。她当时心情极其沮丧，前一年自杀未遂活了下来，然后每天下午和晚上都喝酒，朗姆酒或者伏特加混着别的饮料喝。她每天坐在沙发上看肥皂剧，根本不想好好过日子。

我不想谈论这些，这就是为什么我在之前的段落里省略了这部分。你明白了吗？她企图自杀。为了让你们了解我这样的人，我就得面对不想面对的部分。前一年的夏天，我和母亲生活在佛罗里达，当时我15岁，她喝了不少酒，然后用伏特加吞下了一整瓶安眠药。房间里只有我们两个人，那时候我都吓傻了，我先给身在马萨诸塞州的姐姐打了电话，然后叫了救护车，最后给还在工作的父亲打了电话。

现在回忆起那段往事，我不再害怕了。现在我的年纪和那时候的她一样，我也有过放弃、认命的念头，而且不止一次；我也到达过"活够了"的边缘；我也曾困在不幸的婚姻中，不是一次，而是两次；我也曾把自己淹没在伏特加的海洋中。我做的糟糕决定数不胜数，多到足以填满一个泳池。所以现在回首那件往事的时候我会想，或许当时她相信我能够理解她是真的想死，也相信我不会真让她死，她只是去看看那个地方，那个生死之间的地方是否真的存在。即便如此，对一个15岁的女孩这样做也实在太不公平了。然而，和父亲带给我的痛苦相比，我还是可以面对母亲自杀这件事的。实际上，在之后的人生中，我又面对过很多次生死离别的时刻。生与死永远都不会乖乖待在一条魔法绳索的两端，它们是一个可无数次重写的人生记录本。

我知道，这听起来好像是在说母亲的自杀是她企图留给我的重要东西。

我很好奇如果真是那样又会如何。

后来，她自杀未遂的一年后，我16岁的那一天，就在客厅里，她醉醺醺地递给我一张剪报，她说："我觉得你应该去参加一下。"

那张剪报刊登的是当地的一个写作比赛。

从那之后的一个月，她不再看肥皂剧、灌伏特加，每天我放学后，她就和我坐在沙发上聊天，一直到我构思出一个故事来。现在我才明白那个故事的一部分就是她。

我获奖了。

在那个当地的写作比赛中获了奖，尽管在那之后好多年我都没有明白自己可以成为一名作家。

很长时间以来，我都觉得没把我们从虐待成性的父亲那里拯救出来是母亲的过错。她没能解救我们逃脱苦海。现在我在拯救自己，同时过着不同的家庭生活，我能够明白她那么做也是送给两个女儿一个不合情理却又十分美妙的礼物：她让我们明白，我们可以孤身一人走入世界，作为女性，重新编写自己的故事，不论面对什么。

母亲是个异类，弗兰纳里·奥康纳是个异类，我也是个异类。我现在时常想起母亲，虽然她不到 70 岁就去世了，但她会一直存在于我的文字中。母亲给予我写作的才能，它在我体内像一个秘密隐藏了 10 年。我拿起它就开始跑，无论结果好坏。

谈及身体，我并非没有理由。对一些异类来说，我们的身体可以证明人生中犯的种种错误。我们的皮肤或内脏，我那弯得像个问号的脊柱侧凸，以及永远不会消失的慢性疼痛，都可以诉说我们的过去。某种程度上我们知道自己的优势，无论是身体上、情感上还是心理上，而且会为了保护这些优势不惜一切代价。

对异类来说，我们的身体就是抵抗的战场。

▽ ▼ ▽

多米·休梅克是我的朋友，也是我富有创造力的一位同事。她让我每天都记得向自己的身体致敬，因为它们承载着深刻的人生故事。第一次遇到多米时，我们策划了一次特别的驾车路过式的签书会。事情是这样的，多米参加了一次我的读书会，然后就想和我见一面，因为他们想让我在几本书上签名，然后把这几本签名书送给他们的一位朋友。但是我的工作日程表排得很满，所以我们就商定多米开车路过我在的地方，我跳上他们的车，在书上签完名，我再下来，他们最后驾车离开。我们那次的见面很搞笑，但它改变了我们的人生，因为在那一年后我们一起致力于我的非学术性的工作坊了，我们给它起名为"身体写作"。多米帮我实现了梦想，使写作和艺术实践不再囿于学术圈，而是把它们引入每个普通人的身心世界。下面就是他们的故事：

> 我对"异类"一词感同身受。我生长在一个贫穷的中产阶层小镇，因为身躯庞大，我穿的都是二手衣服。
> 我用的是塑料面包袋，住的是地下室。我的风格和性别

飘忽不定，但是整体说来无法符合那个时代我所居住的地方的性别标准。现在说起来好像没什么大不了，但在当时这确实是一件很大的事。从我大块头的身躯也能看出那是件"大"事。小时候我把那股劲儿用在攻击别人上，我变成了一个小恶霸，到四年级时我开始意识到伤害别人也没有那么带劲。

我转而变得幽默起来，把自己变成了一个小丑的样子。这样一来就算我引起了别人的注意，他们看到的也是我想让他们看到的样子，而不是别人硬往我身上贴的标签。

我认为人人都想被他人认作异类。他们想让别人认可他们独一无二的痛苦（或喜悦，或开悟）。但是，独一无二和异类还是大不相同的。异类在哪儿都无法真正融入，或者从外表上看他们或许已经有了一种应对机制，看上去好像在哪儿都能融入，但事实上这只是表象罢了。作为一个性格外向的异类，不费气力我就可以看起来很融入的样子，因为我能说会道还擅长伪装。这么说倒也不假，但我确实没有发自内心地与别人交流。我与别人沟通都是为了让别人感到舒服，几乎不去考虑自己的感受。

从两方面来看，我是个不折不扣的异类：一是客观情况，我是一位性别表现不一致者，也是在性、身体和心理上受过各种暴力虐待的幸存者；二是主动选择，因为说实在的，如果要和其他人一样，我付出的情感代价就太大了。

我就是一个在只要规规矩矩听话就能获得奖励的环境中长大的小孩。虽然我非常想融入大家，但还是主动对人云亦云的从众行为说"不"，因为如果不那么做对我来说太痛苦了。所以，难道这真的是我自己选的吗？有时候我会想，如果当时更加努力地尝试融入，我可能已经死掉了。

这其实是我想重点说明的部分。因为即使是我自己决定改变外貌、说我想说的话、勇敢做自己，那也是因为我当时没有选择，只能这样做，如果不这么做我就会严重抑郁，甚至会有自杀倾向。我很小就因为错过宵禁时间、喝酒、吸毒、滥交等麻烦缠身，而我做这些事情只是为了弄明白我到底是谁。

最后终于搞明白，我只是个爱达荷州一个怪里怪气、不男不女的小孩。我开始试着融入这个角色。

我在想是不是因为客观情况使然，所以迫切需要感觉自己是个异类？

就像我的奇怪发型、在身体不同部位穿孔就是我内心骚动的外在表现，要让我变成别的样子我就有一万个不舒服。所以我或许应该突出而不是掩藏我的异类特质，就像朋克摇滚歌手一样。我需要内在真相的极端外显形式。

我之所以精神健康就是因为我能够以需要的方式表达自己。我患有分离性身份识别障碍，而我找到缓解焦虑的一种方式就是改变外表。我一直纠结于真正的外表，但事实不仅如此，我挣扎着想做到内心和外表的完美匹配。我的确认为有精神问题的人会有独特的异类状态体验，而且也会产生不同的体验经历，这取决于其精神疾病的类型及其对沟通力的影响程度。

有些人会将这种情况当作一种疾病，试图贴上诊断标签之后机械地对病人进行分类，而没有看到各种可能性。任何种类的心理问题都可能是创造力的基础，同时也可能会对其本人及其周围人造成困惑和恐惧。普通大众似乎都很害怕精神健康问题，好像精神问题是一种传染病。他们也不知道该怎么做，所以要么老生常谈，要么敬而远之。而这样做实际上并无益处，或许还会让事情变得更糟糕。这其实取决于你的诊断结果，还有它给你的生活、艺术和想法带来多大影响。有些人，比如让-米歇尔·巴斯奎亚特（美国涂鸦艺术家和表现主义艺术家），因其在艺术方面的杰出贡献备受认可，社会对其赞誉度极高，但这种高度的认可难以持续，事实上最后会给艺术家带来更多痛苦。不管是被认可还是带来痛苦，两方面都会对艺术家内心那个"我"造成一定程度的抹除和遗弃。

关于人生路径，我对年轻人要说的是，在我们内心总有一些让我们激动或感兴趣的东西，我愿意帮助你们寻找到它们，然后让它们散发出光芒。我和一些正处在困难时期的年轻人共事时发现，他们之所以如此是因为还没有真正找到指引他们的那道光芒，而他们看到的只有自己一败涂地的人生。我真心想让他们明白，无论是什么让他们走到如今的境地，都是他们自身的一部分；无论多糟糕，都可以成为他们创建新生活必不可少的丰富素材。我不会将这些话说出来，因为最重要的是倾听，尤其是和一个觉得自己是个局外人且又处于痛苦中的人聊天时，倾听尤为重要。倾听，分享彼此的故事和经历，一起创造艺术，这些都是你知道的。

我一生犯的愚蠢错误数不胜数。没错，有些最重要、最根本的转变只能从自己犯的错误中吸取经验教训才能实现。如果我们不能心甘情愿地冒一切风险（坦然接受自己是一个异类就是其中一种方式），就我们与这个世界和周围人的关系提出更深层次的问题，那么我们所做的只是自欺欺人，什么都改变不了。

我六七岁开始抽烟，九岁开始吸大麻，十四岁开始喝酒，然后就是吸食各种迷幻药。除了镇静药，我基本上什么都吃过，但我从来没有注射过毒品。

我小学时经常打架，主要是为了保护女孩和男孩打架。我只要打架都是为了保护女孩，只不过我从来没那么想过。不过，我那时候确实可以被称为少年犯，但我也上过光荣榜，是班里的调皮孩子，也参加过体育活动。我是第一个被允许参加棒球队的女孩。[①]

我直到快40岁的时候才找到解决问题的办法。我的自我毁灭行为实际上是思维定式的一部分，就好像任何人只要不那么做就是胆小鬼一样。与此同时，我还会将自我毁灭理想化，而这是贫穷灌输给我的羞耻和罪恶。因为贫穷，所以我觉得既耻辱又有罪恶感。我表面上装强悍，但是自我毁灭只是从表象上看起来很酷罢了。

---

① 在美国，打棒球的一般是男孩子，女孩子打垒球。——译者注

不合群的勇气

我可以肯定的一点是，我总是会被人性吸引。我和一些被认为是最恶毒、最坏的人交朋友，也几乎染上了他们那些习气，或许有点可耻，因为有时候我这么做只是为了冒险。我不止一次差点被杀。那些人中有一个上了《全美通缉令》[①]，在一次节目中她大开杀戒，最后自杀了。

在亲身试险的同时我触底反弹了。我总想成为坏人里的好人，我一直扮演着敌对派别中的中间人。我用幽默感对付那些"好人"（警察、教师、侦探和后来的联邦调查局），用力量和愤怒对付"坏人"。

但这些行为对我来说是羞耻感和罪恶感转化过程的一部分，而现在它成为我的终生事业了！我鼓励其他人消除羞耻感和恐惧感，承认它们是让自己成为美丽的异类必不可少的一部分。我们每个人都如此，羞耻感和恐惧感并不是世界末日，相反，如果你肯让它们转化成机会，它们则会成为美好事情的开端。这也是我喜欢和你一起共事的原因，因为你曾经那样说过。那天你这么说的时候，我都是竖起耳朵倾听的。

---

① 美国一家电视台制作的节目，是一档深入报道全美大案要案的真人秀节目。——译者注

8 无法融入的身体

我们的身体有点像所有经历的象征。哪些身体会在一种文化中显得很重要，怎么重要，为何重要？又有哪些身体会被摒弃、诋毁、囚禁或伤害？异类与其身体的关系能够描绘出一些文化上的裂缝，而我们之所以是异类就源自那些裂缝。无论是大块头的身体还是棕色或黑色皮肤，无论是遭受毒打或被嘲笑的身体，还是有不同能力的身体，抑或是生吞活剥的身体……异类的身体都生活在边缘。

再说一遍，边缘处恰好是一切新生意义产生的地方。

9

错误也是机会

"你这个人到底有什么毛病?"

这个问题现在依然时常在我脑海里回荡,就像杯中的色子一样叮当作响。为什么我就不能从容淡定地参加社交活动,而是突然一阵惊恐,躲在别人家的洗衣房里,闻着干衣纸舒服的味道才能镇静下来?为什么我就不能遵守基本的社会行为规范?为什么社会体制让我如此愤怒?为什么男性权威至上让我想吐、让我想与其决一死战?为什么当一切终于井井有条时我又会把它们弄得一团糟?

那天晚上,一个警察开车把我从车祸现场押往监狱,在路上,他问了我最上面的那个问题。我当时是一名大学教授,也不是孩子了,一切成功因素尽在掌握,然而我非要在那个晚上酒驾,吹气检测出来的酒精含量都爆表了。那一路很漫长，我从后视镜里看到了警察灼灼的目光，那目光似乎在说："你都和我妈一般年纪了吧？"他的年龄都可以当我的研究生了。

没有人喜欢被人讲述他们人生中最愚蠢的错误，一方面，聚焦我们是如何毁掉生活的并不是一件趣事；另一方面，异类与其自身的失败之间有着一种独特的关系。幸运的话，我们能把那些失败理解为机会。是的，你没听错，就是机会。失败就像一个门口、大门或其他入口，总之是一个窗口。

我人生中最大的错误之一就是从大学退学。我当时在得克萨斯州的拉伯克市，因为游泳拿到了就读得克萨斯理工大学的奖学金。向红色突击者队（得克萨斯理工大学校篮球队）进军。大学第一年因为终于远离可怕的家庭，我激动得要命，现在回想起来，我觉得自己当时可能受到了惊吓。我游泳训练很辛苦，至少在那一学年的上半年，我还像正常人一样每天去上课。但是新获得的自由在我内心撕开了一条裂缝，就像地球上裂开的一条断层线，只是这条线裂在我的身体里。那条裂缝里的东西正是我 18 年来隐忍于内心、不愿流露出来的东西。从某种程度上说，那种感觉就好像我从监狱里释放出来，只不过那座监狱是我的家庭和我的父亲。也

9 错误也是机会

就是说,为了熬过整个童年时光我一直压抑着,不允许自己感受到强烈的情感,因为我觉得那样的话我会死于这些情感。当安全到来的时候,我就一股脑地释放出全部情感,于是我被淹没了。愤怒、恐惧、痛苦、困惑,面对这些情感,我到底该怎么办?毫无头绪,一筹莫展。我的人生中没有谁也没有什么经历曾指导我如何去应对这些从我身体里强烈迸发出来的情感。我接受过的唯一指导只是游泳,虽然会游泳可能会救我的命,但是对我的精神和情绪健康来说没有太大帮助。我感觉我的头发着火了,皮肤也在从身体上剥离。所以我不再按时上课,也不再参加游泳训练,我变得像一颗随时都会爆炸的炸弹。

回首上大学之后的年轻岁月,现在的我一眼就能看出那时的我需要帮助,但那时的我并不知道需要帮助。我当时只知道成功逃脱了危险境地,但身处自由时,我就迷失了。我逃出来用尽了所有力气,从某种意义上说,我就像是一个 8 岁小孩,毫无约束地走入性、毒品、知识和经历组成的新世界。我的心智发展可能不完全,但是身体发育成熟了,所以我以自己掌握的唯一方式勇往直前。这是一种人体物理学:凭着我的身体和向前的动力,我不假思索地投身于各种经历中。我的身体是我唯一拥有的东西，而且它是我自己的。我尚未遇到我的心智，甚至都不知道它的存在。

所以没错，我就像彗星撞地球般一头扎进了性和毒品的世界。对这个故事的一种理解是很多年轻人都坠入这个世界。不管是从小没有得到好的家教还是骨子里就有的叛逆基因，抑或是他们本身就是纯粹不负责任、不成熟的坏孩子，这个故事都是一种遗憾。他们需要得到教训才行。不过在此，我愿意提供对这个身体故事的另一种解读，那就是要看到我在拼命寻找一种表达方式，能够将我的愤怒、悲伤、痛苦和困惑囊括其中的表达方式。当时我一直在为它找寻一个安放之所，尽管我尚未意识到有这么一种表达方式，但已经开始感觉到如果把这些情绪都憋在心里，极有可能因内心崩溃而死亡。或许其他搞砸人生的年青一代的故事并不是像我这样滥交、吸毒、逃课和违规，或许我当时是在寻找一种语言来开导内心深处那个尖声喊叫、怒不可遏的小姑娘。

在年轻女性有限的认知中我做出了第二个万分糟糕的选择——我结婚了。我希望你能看到，我一直想成为一个好公民，尽管是以自己笨拙糟糕的方式，但我依然在朝那个方向努力。女人都会离开家、上大学、结婚、生子，对吧？那是

9 错误也是机会

全世界广为传播的女性的故事版本——每本杂志、每个电视节目、每部电影、每一个走在我们前面的女人都这样。即使出现了一个偏离故事主线的另类形象或人物，我们也害怕追随其脚步，如果这个世界因为我们没有按照剧本出演而拒绝我们，或者觉得我们不配有人爱，那该怎么办？这种文化信息在当今的世界依然盛行。我知道这一点是因为我的学生群体是女大学生。在女性研究课、电影课、写作课、文学课上，万千女性走进教室，怀揣着那个如何做女人的陈词滥调的旧剧本，还害怕如果不按剧本操作，就不会在主流文化中占有一席之地。我知道这是因为女人一旦在脸书上没有得到足够多的"赞"或者关注就会立刻觉得被忽视了。

我结婚的时候 19 岁。我不是那种 19 岁就成熟到足以明白结婚之后需要承担的责任和理解结婚的条件的女孩。我现在 50 多岁，处在第三段婚姻中，这时的我才刚刚开始体会到婚姻意味着什么。非常糟糕的是，我当时的婚姻不到三年就以离婚告终。在那三年的尾声，我怀孕了。这一点可怜的希望点燃了我万念俱灰的内心，它告诉我，没关系，虽然之前搞砸了，但是你有了成为一个女人的新机会，因为你要有一个孩子了。

而我前面说过,我那美丽的女儿出生当天便夭折了。于是,我的这个故事永远结束了。那次的经历带给我的悲痛使我永久性地脱离了传统女性角色的情节主线。我陷入无法自拔的痛苦中,直至抑郁。

然后呢?

我也讲过,从女儿夭折开始,我慢慢地成了一名作家。当然,那并不是一夜之间发生的,事实上,我大约花了10年时间,经历了又一次失败的婚姻,但是当我回头看时,我能明白这都是真的。第一次失败的婚姻,第一次没能当妈妈,这些并不只是可怕的失败,也是为我敞开大门的机会,即使当时感觉它们像是让人活不下去的严峻考验。我花了很多年才学会把它们看作机会。

我另一个更加惊人的失败是酒后驾驶。如果回顾一下我的过去你就会发现,这是我有迹可循的一种规律,我经常在到达一种巅峰的时候就会做点什么毁掉一切。当时我是圣迭戈州立大学的一个访问作家,考虑到我的经历,这也算是件大事了。当时我已经和第二任丈夫离婚,虽然我们结婚的11年中他既危险又让我开心,但事实证明,他就是个玩弄女性的无赖。我已经出版了两本短篇小说，尽管听起来不太可能，但我那时已经回归校园，拿到了博士学位。我当时既教研究生也教本科生。我住的地方离大海只有一个街区。我的人生似乎在朝着那个对我来说无比陌生的词——成功——迈进了。

是的，你已经猜到了，我又闯了祸。

先听我把话说完，你再说我是个不值得信任的窝囊废，因为我不断犯错误。虽然我放弃了11年的婚姻和第二任那个既危险又让人开心的酒鬼丈夫，但我的心中仍然有爱。在那个时候，我爱他胜过爱任何人或任何事。因为我总怀疑像我这样的人不配有真爱，而我的确又全身心地感受到了真爱，这加剧了我离开时的痛苦，就像是我自断臂膀，掏出心脏，把它们扔进土里，然后开着一辆尾灯坏掉的破皮卡车绝尘而去。就是这样，没有臂膀、没有心脏地驶入黑夜。换句话说，那种痛苦如锥心刺骨一般。

在童年时代，"爱"对我来说是可望而不可即的幻想，年轻时又试图用性欲扼杀真正的渴望，而我最终有勇气真正爱上一个人或一件事的时候，看看我的下场吧。

当时我的第二任丈夫从巴黎给我打来电话，巴黎是我们爱情生根发芽、大放异彩的地方，他打电话是要告诉我，他和他的新女朋友在彼此的无名指上文了一模一样的戒指，他觉得有一点很重要而且必须让我知道，他的新女朋友让他想起了23岁时的我。好吧，所有这些陈词滥调就像伤及内脏的一脚、扎在心窝上的一刀，它们是杀害灵魂的凶手。那天晚上挂断电话时，我的呼吸都快停止了。我走进浴室，看着镜子中的我，我真的想过用刀在我的脸上划上一道，然后割开自己的喉咙。我又一次陷入那种熟悉的麻木，不知道我是谁，不知道如何在这个世界上活下去。我喝下了一整瓶伏特加，坐进车里，沿着圣迭戈的一条高速公路疯狂行驶，像一只冲出地狱的蝙蝠，又像是一个身体无法再承受一点儿痛苦的中年妇女。尽管这不是那个割开喉咙的选择，但与之相比也不相上下。

嘭！

正面相撞。

嘭！

监狱。

嘭！

酒后驾驶。

9 错误也是机会

我觉得大家都一致同意这是一个巨大的失败,对吧?

然后呢?

我被捕了,被送进了监狱。后来我被释放,而且需要完成社区服务,还必须参加强制性的药物和酒精小组咨询。

在这里有必要停下来思考一下,如果我是有色人种,我的命运可能更糟,这就是我之所以说我的故事并不是最重要的故事的原因。我希望我的故事只是一个极小案例,只是更大的故事世界中的一个分子,我希望它可以帮助我们以不同的方式来倾听和看待所有故事。没有彼此我们什么都不是,是时候承认你中有我、我中有你了。

下面就是故事之后发生的一些事情。我在事故中彻底毁了自己的车,听力受损,还被吊销驾照一年。我的艺术硕士专业小说写作课的一位研究生主动借给我一辆车。或许他觉得我可怜,或许他富有同情心,或许他觉得我很可悲,或许他在试图拯救我,我得去问问他,他认为自己在那个故事中扮演了什么角色。他开车接送我去做强制性社区服务,参加强制性团体心理咨询,还带我参加强制性戒酒会。他从来没有对我评头论足,我还从来没见到有人为我这么做过。于是,我们就在一起了。

173

然后，我因为和那个学生发生性关系被开除了。当时他29岁。感觉是我因为恋爱逾越了界限，所以被开除了。

开除，又一次失败。对吧？

然后呢？

在我卑微的一生中唯一让我体会到幸福的就是在我现在居住的这所房子，它位于俄勒冈州波特兰市。那个让我丢掉工作的男人呢？那个从混乱旋涡中脱身之后的我嫁的那个人呢？他是我一生的挚爱。我们到现在在一起已经超过17年了。我们缠绵悱恻的故事和已经16岁的儿子给我带来的欢乐不亚于人间天堂，考虑到女儿的悲剧和我那不幸的原生家庭，这种幸福弥足珍贵。

换句话说，失败反倒为我打开了通往新生活的一扇大门。

幸运儿远不止我一个。

▽ ▼ ▽

我遇到杰森·阿里亚斯时，他在社区大学上我的小说写作课。他安静、高大，常坐在教室后面，观察力敏锐。他交上来的第一篇小说作业的写作技巧、巧妙措辞和思想深度可与雷蒙德·卡佛的作品相媲美。我可不是在和你开玩笑，他的小说让我大开眼界。我想，这个人还有什么必要上我的课啊？但是随着课程的继续，我很快明白他为什么要上我的课了。他当时的境况和我相似，那时我脱离正轨，从大学退学，麻烦缠身……他也正在努力慢慢回归到社会常态中。我一次只讲一个故事，下面就是杰森的故事。

"异类"这个词让我想起朋克乐队"异类"(Misfits)。

它让我想起乐队那首名为《我们都是138》(*We Are 138*)的歌，这首歌的歌词从理论上来说与一切都有关系——从纳粹德国（赫尔曼·戈林的智商）到乔治·卢卡斯的第一部电影《THX-1138》，再到美联储（使用数字命理学）。应该有人直接问问格伦·丹齐克（异类乐队主唱），那些歌词到底是什么意思。那首歌的纳粹德国理论让我想起了维克多·弗兰克尔（一位神经学家，也是一位大屠杀幸存者，后来成为一名作家），他出版过一本名为《活出生命的意义》的书。书中讲述了弗兰克尔如何比他的朋友、邻居和家人活得都久，他在书的最后说：生命本是没有意义的，是我们每个人的责任赋予了它意义。生命只是一块空白的画布，一面还没贴上标签的墙。除非我们在这块画布或这面墙上涂满颜色，或者玩一玩黑白对比的概念，或者肆意摇摆，在上面洒上乌贼墨颜料，不然生命依旧毫无意义。

弗兰克尔指出的事实在某种程度上我们早已知道，那是一种用来认同某事、相信某事的生存机制。我们选择一个概念然后把它具象化。有时候这些身份能把我们吞噬。我爱过一些人，他们自我认定的身份是消防员、作家、艺术家、士兵、朋克、毒贩、瘾君子、歹徒、遗尿症患者、幸存者、受害者、母亲、父亲和图书管理员等。

就我个人而言，我认为自己是一个浑蛋、儿子、兄弟、保护者、失败者、摇滚青年、罪人、肤色接近白人者、追星族、部分黑人血统者、父亲、半棕色人种、丈夫、消防员、穆拉托人（黑白混血儿）、思考者、另类、蠢货、胜利者、伪装者、作家和奋斗者。但是这种自我认知一直在发生变化，我是什么与我应该是什么总是一种悖论。有人将每一套连裤套装和街头休闲装混搭试穿，就是想把这些东西都粗鲁地缝合起来吗？我在想，做这种事情的人是不是就是异类？他们要么就穿着这些"拼接花被"，要么干脆赤身裸体，但不管怎样他们一直都在追寻、在努力。

9 错误也是机会

在成长过程中我们搬了很多次家，也换了一些学校。母亲一连找了好几个差劲的男朋友。幽默是一种神奇的舒缓方法，能让母亲哈哈大笑，能让我的同龄人露出微笑。我家没多少钱，我倒是很喜欢这一点，因为我觉得贫穷能让我们（姐姐、母亲和我）更坚强、更团结。我感觉这样我可以与世隔绝，可以生活在自己的神话故事里——既有外部的世界，还有我们自己的世界。外部的世界或许在和我们作对，但并没有让我们焦虑，至少到现在还没有。后来我开始意识到眼中的现实并不是现实，一切就变了样。

我认为我真正对权威充满敌意是从 12 岁开始的。我被一个市区警察用两个手掐住脖子，因为我的朋友把装奶酪玉米片的盒子扔到桥底下了，波特兰玫瑰节游行队伍恰巧从桥下经过。我当时是一个成绩全优的学生，但样子却不像。我看上去像个黑白混血儿，穿着印有金属乐队（美国乐队名）图案的 T 恤，耳朵上挂着大砍刀形状的耳环。那个警察认为奶酪玉米片是蛋黄。警察掐我的时候，我的朋友在我旁边大喊，求那个警察赶快住手，说那不是鸡蛋，他觉得我快不能呼吸了，他还说对不起，扔玉米片的是他。我双手抓着那个警察的前臂，拼命想推开他。我的视线开始模糊，我的气管开始收缩。当我从富兰特大道警察局放出来时,并没有意识到警察的那双手事后很长一段时间里还在掐着我的脖子。我没被控告,没被定任何罪名,而我当时并不相信那个警察掐我脖子的力量竟能持续26年。

差点窒息的事件过去后,我听音乐的声音更大了,头发留得更长,但是成绩依然不断提高,因为我还在乎。当七年级的时候,我的英语老师,也是我的偶像割腕割颈从威拉米特河的一座桥上跳下去自杀之后,我开始万念俱灰(他出过书,但是他和我们,也就是他的学生说,我们"得等年纪再大一点才能读他的书")。如果不是他涉嫌恋童癖和儿童色情而被调查因此畏罪自杀,我或许还能以某种还算健康的方式来对待这件事,悼念一下那位老师。我花了很长时间(都是成年人了)才意识到那件事给我的心智产生的严重影响。你心目中的英雄其实是个流氓,你能如何悼念他?

我对世界的一切认知轰然倒塌,我的成绩开始直线下降。那位老师自杀后过了几个月,我就被学校开除了。八年级我刚上了一个月又被开除了。我在另一所学校待了短短两个月后就升到了九年级。高中的第一年也是我高中的最后一年。我用金属乐队T恤和别人交换法兰绒外衣和头巾。我白天工作，晚上和那群幻想破灭、无所适从的异类兄弟彻夜狂欢。那就是我十几岁时的样子。

几年前姐姐偶然碰上了一个熟人，我们以前都叫他印第安人约翰尼，他说："你弟弟还活着吗？"

现在我有两个儿子和一份体面的好工作。那时候和我一起混的"兄弟们"要么死了，要么在监狱服刑，要么在戒毒所进进出出，当然也有几个朋友混得还不错。

我的小儿子今年上高一，大儿子已经毕业了。我从不和他们说我十几岁的时候是什么样子。我告诉他们，只要能为自己想要的付出足够多的努力，这个世界就是他们的。我告诉他们，自己想象最幸福的生活是什么样子的，然后朝着那个目标努力。我告诉他们，首先要高中毕业，然后再想明白是上大学还是投身于一个行业，不这样做终将一事无成。我告诉他们要趁年轻做出最明智的选择。

没错，我是个伪君子，但我之所以这样做是我太爱他们了，远远胜过爱自己。

"异类"这个词，《韦氏词典》给出了两个定义：

1. 与所处环境不搭调的某物；

2. 对新形势或新环境严重不适应的某个人，如社会异类。

我会让人感到难堪，也难以适应不同的环境，寻求弥补这些缺陷的方式花了我人生中的很多时间。我找到了适应、融入和装作若无其事的办法。笑声很奏效，恭维也屡试不爽，而有些事情注定就是会让人感到很难堪。有时我就是不打算融入，这对我来说也没关系。

这时候我更感兴趣的是异类的第一个定义：与所处环境不搭调的某物。我们是如何在身体内储存经验又把经验扭曲的？我这么多年都没意识到，脖子上戴着一条用警察双手做成的隐形项链，这样的我是如何生活、工作和去爱的？我一直都没有意识到，让我喉咙发紧的正是那条"项链"。我得首先承认警察之手这条"项链"的确存在，才能解决它。我最终摆脱那条该死"项链"的唯一办法是不再抗争，而是向那股强大可怕的感觉缴械投降，那是一种死亡即将到来但最终又没死去的感觉。

你尝试过蹦极吗？妻子给我买了两次蹦极当作我 21 岁的生日礼物。我第一次蹦极前有那么一瞬间，我的腿根本就不听从大脑指挥了。

我就站在那儿一动不动，看着脚下几百英尺处的河流，我不得不克服身体内的各种求生本能才走到了那个桥的边缘

9 错误也是机会

处。这座特别的桥坐落于华盛顿州的一个美丽森林里,河流在阳光中波光粼粼。天空湛蓝,大朵的白云变幻出各种栩栩如生的图案。最终让我决定纵身一跳的理由就是告诉自己,如果真有什么差池,在如此美丽的地方死去,在如此美好的天气中死去,也算是死得其所了。我在可能会死去的事实面前认命了,不再挣扎。摆脱我脖子上那条隐形项链就和从那座桥上跳下去的感觉一模一样。那种感觉很可怕,也越来越危险,但是又有难以置信的重获自由的感觉。或许那就是我对异类的理解:他们有能力以难以置信的、充满爱意的方式变得越来越危险,而且不在意别人的看法。我不知道我是否属于那一类。

好吧,我现在又有赤身裸体的感觉了。

对于《我们都是138》这首歌背后的意义,异类乐队前吉他手鲍比·斯蒂尔曾经讲过一个有趣的故事,他把它称为"格伦·丹齐克和他的粉丝开的最大的一个玩笑"。斯蒂尔说,丹齐克告诉他那首歌的灵感来自《我,机器人》(美国作家艾萨克·阿西莫夫出版于1950年的科幻小说短篇集)里面的一个人物。但据斯蒂尔说,那本书里根本没有叫那个名字的人物。斯蒂尔还说,丹齐克还告诉他,"如果有人问起这

181

是什么意思，我们就笑而不语，然后用一种嘲讽的口吻问'什么？你居然不知道？'"

我觉得一个异类能够识别出另一个异类，即使他们都很会伪装。我们能够释放出一种类似信息素的东西，我不太确定我们深藏不露的过去是否有一些相似之处。

不过，莉迪娅，再问我一遍这个问题："你对异类这个词有认同感吗？"

我想我这次能给出一个更好的答案。异类可是转眼就会改变故事情节的哟。眨眼，点头，额头冒汗，偷笑。

这是真的，我在1500米外也能发现一个异类伙伴。杰森·阿里亚斯和我算是至亲。即使不是至亲，也是惺惺相惜，是一个故事情节里的两个人物。最后一条新闻！我可能会再次搞砸，事实上我一定会的，但那并不意味着我一无是处。我犯的错误将会在我身上继续存在，不管是我一帆风顺的时候还是再次堕入深渊的时候。这些错误和我取得的任何成功或做的任何好事一样，都是我身上不可或缺的一部分。

所以我到底有什么问题呢？杰森有什么问题呢？肖恩、玛丽、乔丹、多米有什么问题呢？扎克、梅丽莎、奥尔西娅、梅拉妮又有什么问题呢?

异类有什么问题?

当我抬头仰望夜空时,我不再想象天堂、地狱或神灵之类的东西,我看到了所有物质和能量。我看到了父亲,虽然他虐待我们,但还是带我走进了艺术、建筑、电影和小说的世界。我看到了母亲,虽然她没能拯救她的女儿,但还是给了我们强大又独立的想象力,强大到足以让我们重新想象自己离开家庭走向世界的故事。我看到了朋友贝内特,我们一起上完肯·克西的写作课后没几年他就结束了自己的生命。我也看到了克西,他告诉我永远不要放弃。

我看到科特·柯本(美国涅槃乐队主唱,1994年自杀身亡)、弗吉尼亚·伍尔夫(英国意识流文学的代表人物,1941年自杀身亡)、弗雷迪·默丘里(英国皇后乐队主唱,1991年因艾滋病去世)、玛格丽特·杜拉斯(法国著名作家,实验派电影导演)、大卫·鲍伊(英国摇滚歌手、演员)、影帝菲利普·西摩·霍夫曼(美国演员、导演,2014年死于吸毒过量)以及玛丽·雪莱(英国著名作家,"科幻小说之母"),他们都是我膜拜的偶像。

我看到母亲多萝西和女儿莉莉。

我看到现在和过去的我们，就像穿过夜空的璀璨繁星，美丽到让你窒息。

如果异类有一首歌，那就让夜空成为我们的歌，在那里就算是逝去的光亮也依然会闪耀。

后记

　　我和你一样，我的一生也是一天一天度过，有时候碰上艰难的日子甚至得一小时一小时地度过。我在努力记住，我们创造了属于自己的美丽，开辟了自己的人生道路，找到了自己的喜好，尽管为人处世的方式有些古怪，但也不是一无是处，我们也有可取之处。我们是文化的一个部分，我们没有选择眼前的路，偏要独辟蹊径；我们的主题曲或许有点跑调，但也有美妙之处。我知道我不是唯一一个那么想的，但我肯定会勇敢地站出来，提醒自己不要放弃，我们也有属于自己的主题曲。

　　不论你身在何处，即便孤身一人，你都不会孤单。

　　我能够听到你的声音，而且是在微笑地倾听。